地下空间资源评估 与 需求预测方法指南

邹 亮 编著

中国建筑工业出版社

图书在版编目（CIP）数据

地下空间资源评估与需求预测方法指南 / 邹亮编著. — 北京：
中国建筑工业出版社，2017.5
ISBN 978-7-112-20801-2

Ⅰ.①地…　Ⅱ.①邹…　Ⅲ.①地下建筑物—城市规划—指南
Ⅳ.①TU984.11-62

中国版本图书馆CIP数据核字（2017）第114916号

责任编辑：焦　扬　陆新之
责任校对：王宇枢　焦　乐

地下空间资源评估与需求预测方法指南

邹　亮　编著

＊

中国建筑工业出版社出版、发行（北京海淀三里河路9号）
各地新华书店、建筑书店经销
北京京点图文设计有限公司制版
北京方嘉彩色印刷有限责任公司印刷
＊
开本：787×960毫米　1/16　印张：12　字数：193千字
2017年6月第一版　2017年6月第一次印刷
定价：80.00元
ISBN 978-7-112-20801-2
　　（30463）

前　言

在现代生产力和科学技术的推动下，人类正以前所未有的速度实现自身的巨大发展和进步；与此同时，也受到因人口迅速增长和自然资源过度消耗而造成的各种全球性难题的困扰，其中一个就是生存空间的危机。在探索缓解这一危机的过程中，开发利用地下空间资源是一个较为有效的途径。放眼当今世界，很多发达国家和发展中国家已把对地下空间开发利用作为解决城市资源与环境危机、实现城市土地资源集约化使用与城市可持续发展的重要措施和途径。1981年5月，联合国自然资源委员会正式把地下空间资源确定为自然资源，地下空间资源也被视为人类迄今所拥有的少数尚未被充分开发的资源之一。

随着我国新型城镇化战略步伐加快，城镇的数量和规模不断增大，人口膨胀、用地不足、交通拥堵、环境恶化等矛盾和问题日益凸显，已经成为制约城镇建设发展的主要障碍。开发利用地下空间资源，不仅可以弥补城镇用地不足、缓解交通拥堵和环境恶化等问题，地下空间资源本身所具有的避光、恒温恒湿、抗震和隔声等特点，使得地下空间资源成为未来城镇发展的又一优质的空间资源。

城市建设，规划先行。从20世纪90年代开始，我国一些大城市，包括北京、上海、深圳、南京、武汉、厦门和青岛等相继编制了不同深度的城市地下空间规划；到2010年以后，一些中小城市如长治、聊城、盐城和丹阳等地也开始编制地下空间规划。经过二十多年的探索，我国在城市地下空间规划方面积累了一定的经验。为使地下空间规划编制更为科学，实现地下空间这一新型国土资源的统一规划、系统开发和整体保护，应对地下空间资源采取科学有效的调查、分析和评估手段，评价地下空间资源的类型、特点、可开发潜力及适宜性；针对不同城市的发展特点科学预测地下空间开发利用的功能类型、建设规模和开发时序，为资源的高效利用提供客观的分析依据，为城市地质和生态系统合理承载及地下空间资源可持续利用的目标服务。

本书作者在广泛调研国内外城市地下空间规划编制案例的基础上开展研究，将定性评估与定量计算相结合，提供城市总体规划和详细规划两个层面的地下空间资源评估与需求预测方法，并以多个案例展示地下空间资源评估与需求预测方法在规划编制实践中的应用，以期为我国城市地下空间规划工作提供有益的参考。

本书的研究得到了国家科技支撑计划课题"城市地下空间规划与地下结构设计关键技术研究及示范"（2012BAJ01B01）的资助。

本书在撰写过程中得到中国城市规划设计研究院谢映霞教授、陈志芬博士、李帅杰博士、梁浩工程师，深圳市城市规划设计研究院王陈平总监，北京清华同衡规划设计研究院刘荆工程师，广东省城乡规划设计研究院黄鼎曦博士和清华大学祝文君教授等各位同仁的大力支持，在此深表谢意。

衷心感谢北京科技大学宋波教授、北京工业大学马东辉教授、北京市城市规划设计研究院陈珺高级工程师、北京建筑大学曾德民教授和北京清华同衡规划设计研究院张孝奎高级工程师对本书提出的宝贵意见。

本书在出版过程中得到中国建筑工业出版社的大力支持，陆新之主任和责任编辑焦扬对本书的出版倾注了大量心血。值此书稿即将付梓之际，谨向所有在本书撰写与编印过程中给予支持帮助的个人和单位表示衷心的感谢！

城市地下空间开发利用是一项在探索中不断前进的工作，由于作者水平所限，书中难免有错误和不当之处，敬请读者批评指正，并期盼更高水平的同类著作问世，在城市地下空间开发利用中发挥更大的作用。

作者

2016 年 10 月

目　录

第一部分　地下空间资源调查评估

第二部分 地下空间需求预测

第三部分 地下空间资源调查评估与需求预测案例

第一部分
地下空间资源调查评估

第1章　地下空间资源调查评估概述

1.1　地下空间资源概念

地下空间（underground space）是指在岩层或土层中天然形成或经人工开发形成的空间。城市地下空间资源是指城市规划区以内、地表以下，以土体或岩体为主要介质的空间领域，是城市土地和空间在竖向的延伸和拓展，是城市自然资源的一部分。城市地下空间资源的利用形式主要有地下交通设施（包括地下铁道、地下公路、地下人行过街道、地下停车场等）、地下管线、地下商业服务设施及地下人防设施等。

受地理位置及岩层或土层结构的影响，地下空间资源具有以下几个特点：

（1）地下空间资源与地面空间资源一样，是有限的资源；

（2）地下空间资源开发利用的技术要求和直接经济投入往往高于地面空间资源；

（3）地下空间资源一旦开发完毕，拆旧造新很困难，具有一定的不可逆性；

（4）地下空间对某些灾害如地震具有较强的抗灾能力，而面对火灾、雨涝等灾害往往损失严重。

因此，地下空间资源的开发利用需要科学规划、合理使用、长效管理。

1.2　地下空间资源的分层与分类

1.2.1　地下空间资源的分层

地下空间资源应分层开发，分层时应以地下空间调查评估为依据，综合考虑地下深度、土壤与岩石的结构及分布、土地利用的经济性和开发的难易程度等多种因素。例如北京、深圳等城市在规划中将地下空间分为浅层（0 ~ −10 米）、次浅层（–10 ~ –30 米）、次深层（–30 ~ –50 米）、深层（–50 ~ –100 米）四个层次；而天津、苏州、广州等城市则将地下空间分为浅层（0 ~ –15 米）、中层（15 ~ –30 米）、深层（–30 ~ –100 米）三个层次。从经济和技术上看，较浅的层次具备大规模可开发的能力。

1.2.2 地下空间资源的分类

根据地下空间资源的利用功能，结合《城市地下空间设施分类与代码》GB/T 28590—2012 对我国城市地下空间资源设施进行分类，地下空间资源可分为 6 大类 24 小类，见表 1.1 所列。

地下空间资源分类　　　　　　　　　　　表 1.1

一级分类	二级分类
地下防灾	人防地下空间资源
地下居住设施	地下居住设施
工业仓储设施	地下工业生产场所
	地下仓储场所
地下公共服务设施	地下商业商务设施
	地下文化设施
	地下教育科研设施
	地下娱乐康体设施
	地下医院设施
	地下体育设施
地下交通设施	地下停车设施
	地下步行设施
	地下轨道交通
	地下机动车道
地下市政设施	地下电力设施
	地下通信设施
	地下给水设施
	地下排水设施
	地下燃气设施

一级分类	二级分类
地下市政设施	地下热力设施
	地下工业管道设施
	地下输油设施
	地下综合管廊
	其他地下市政设施

1.3 地下空间资源调查评估的意义

城市地下空间资源调查评估是对城市所拥有的地下空间资源在平面和竖向分布上进行空间分布特征、数量、种类和适宜性的调查，对地下空间资源开发的优势、有利条件、制约因素等方面的内容进行科学分析，并对地下空间资源工程难度和潜在开发价值进行等级评估，最终对可有效利用和可供合理开发的地下空间资源量进行综合评估和估算，其意义主要表现在以下几个方面：

（1）地下空间资源调查评估是科学认识城市地下空间资源的实际容量、质量和空间分布的必要条件，是制定城市地下空间开发利用规划、采取合理的开发利用方式和施工手段的科学依据。

（2）地下空间资源开发利用具有不可逆性，一旦被开发很难恢复原状，因此应在建设前对地下空间资源进行全面的调查和评估，研究地下空间资源面临的地质环境、生态环境、城市空间、现有建筑及设施等，减少地下空间资源开发利用对城市发展的影响，同时避开地下空间开发利用过程中面临的各种隐患因素，分析地下空间资源的分布特征和开发利用的适宜性、开发过程的工程技术难度以及开发利用后的潜在价值，保障地下空间工程项目的合理性和可持续性。

1.4 地下空间资源调查评估的内容与体系

1.4.1 基本概念

根据自然与人文条件的层次和制约程度，地下空间资源可分为几个不同的层次，按包含关系从大到小依次为地下空间资源的天然蕴藏、可供合理开发的地下空间资源及可供有效利用的地下空间资源。

（1）地下空间资源的天然蕴藏：即在指定区域的地表以下全部地层空间的总体积，包括已经开发利用和尚未开发利用的部分。根据可利用的情况，又可分为可开发部分和不可开发部分。不同的城市地下空间资源可能处在土层和岩层等多种地质环境中，全部地层空间是城市地下空间资源的天然蕴藏范围。

（2）可供合理开发的地下空间资源：即在地下空间资源天然蕴藏范围内，排除不良地质条件和地质灾害影响范围，生态及自然资源保护禁建区范围，建（构）筑物影响保护范围和城市规划特殊用地范围等空间区域，在一定技术条件下可进行地下空间开发利用的空间领域。

（3）可供有效利用的地下空间资源：即在可供合理开发的资源分布区域内，保持合理的地下空间距离、密度和形态，在一定技术条件下能够进行实际开发的地下空间范围。在数值统计上，可供有效利用的资源量占可供合理开发资源量的一定比例，可用体积或建筑面积表示资源量大小。

1.4.2　调查评估层次与范围

在确定地下空间资源评估深度时，应根据城市当时的经济社会发展水平和地下空间开发利用的时序和阶段而定，如规划期内以发展较浅层次的地下空间资源为主，评估范围可在次浅层以上；深层空间可仅做一般性考察，并作为远景资源保留。具体的层次划分应因地制宜，考虑地层构造、地下空间利用类型及开发强度等要素。

地下空间资源评估的平面范围应依项目类型而定，地下空间总体规划中评估的平面范围应与城市总体规划确定的范围一致；地下空间详细规划中评估的平面范围应在规划范围的基础上适当扩大，以便规划范围内的地下空间开发利用与周边良好的衔接。

1.4.3　调查评估的内容

根据调查评估的总目标，地下空间资源调查评估的内容通常由三个部分组成：

（1）地下空间资源调查：结合现场勘察、资料分析和数据整理，分析评价地下空间资源的类型及条件特征，研究地下空间资源赋存和转化规律，取得地下空间资源分布情况。

（2）地下空间资源质量评估：评价地下空间资源可开发利用程度的综合质量特征和分级，包括工程难度适宜性分级和潜在开发价值分级。

（3）地下空间资源量数量估算：估算和统计地下空间资源潜力，包括地下空间资源总量、可供合理开发的资源容量和可供有效利用的规模。

● **案例：深圳市地下空间资源评估**

（1）浅层地下空间资源

深圳市浅层（0 ~ –10 米）地下空间资源容量约为 45.5 亿立方米，理论上可有效开发量约为 20.5 亿立方米；按 5 米层高折算，浅层可提供 4.1 亿平方米的建筑面积，优良资源率达 59%。但由于资源条件与开发价值存在空间上的错位，优质资源集中在生态控制区以及低密度建设区。大部分建成区利用难度大，投资成本高。轨道站点周边的城市更新地区由于资源条件与利用价值均较高，应成为重点利用的地区（图 1.1）。

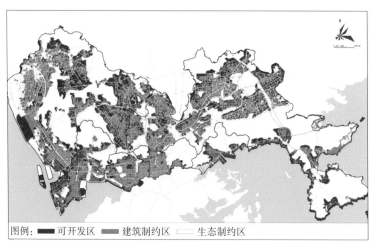

图例：■ 可开发区　■ 建筑制约区　□ 生态制约区

图 1.1　深圳市浅层地下空间质量评估图

图片来源：深圳市城市规划设计研究院提供

（2）次浅层地下空间资源

次浅层（-10米~-30米）地下空间资源储量丰富，总容量约为149.5亿立方米，理论上可有效开发量约为45.5亿立方米，按5米层高折算，可提供9.1亿立方米的建筑面积。西部沿江地区、东部龙岗中心城周边地质条件相对较差，特区内福田、南山资源条件相对优质（图1.2）。

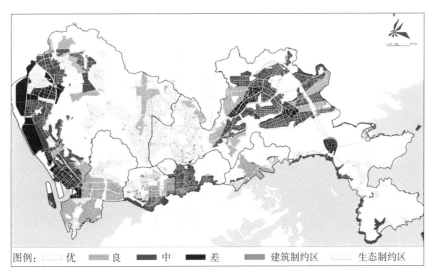

图例： 优 良 中 差 建筑制约区 生态制约区

图1.2 深圳市次浅层地下空间质量评估图

图片来源：深圳市城市规划设计研究院提供

（3）地下空间慎建区

根据资源评估分析，城市中部分区域地质水文条件较差，地下空间资源质量差，开发难度大，为城市慎建区，主要包括一些地质断裂带和填海区域。这些区域在进行地下开发时必须谨慎考虑，开发前需要做详细的工程可行性分析，经过周密的技术处理，再依据规划进行地下开发建设（图1.3）。

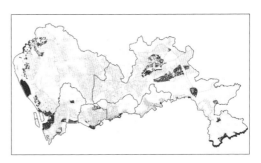

图1.3 深圳市地下空间慎建区分布图

图片来源：深圳市城市规划设计研究院提供

1.4.4 调查评估的尺度

根据规划设计层次的不同，地下空间资源调查评估的应用尺度相应地分为宏观和微观两个尺度。

（1）宏观调查评估

这一层次的调查评估针对城市总体规划、区域规划或分区规划，侧重于研究范围的整体背景和基础条件，通过资料搜集、整理和分析，为城市地下空间利用总体战略目标研究和全局性规划服务。这一层次的空间尺度较大，因此评估单元也相应较大，一般以规划地块为单元。在基础资料数据类型和精度、评估要素选取，指标体系和评估模型选择方面也应针对宏观评价尺度来确定，比例尺与城市总体规划级别相当，一般在 1∶10000 ~ 1∶25000 之间。这一层次的调查评估结果应包括城市地下空间资源的总体类型、分布情况、工程开发难度总体评价、资源潜在价值总体评价、资源综合质量、资源容量估算等。

（2）微观调查评估

这一层次的调查评估针对详细规划，是小范围、局部地区的城市地下空间开发利用，通过对岩土体和水文等自然地质条件、空间利用状态、各类建筑和工程设施状态的调查以及详细规划需求的分析，给出详细规划尺度的评价结果。这一层次的空间尺度较小，评估单元可达到基本建筑地块的尺度，对技术资料的要求较为详细和具体，比例尺一般在 1∶1000 ~ 1∶2000 之间。这一层次的调查评估结果应包括地下空间资源类型、可用范围及层次分布、地下水及地质条件评价、资源容量估算和控制指标等。

第2章 地下空间资源评估要素

地下空间资源的影响要素包括自然条件、社会经济条件和规划建设条件。其中自然条件包括地质条件和生态环境条件；社会经济条件包括人口状况、土地资源利用情况、交通状况、历史文化保护和环境改善需求等；规划建设条件包括城市建设现状和规划。

地形地貌、地质构造、水文条件、生态环境、地上地下空间利用状态、城市空间规划条件等因素制约地下空间资源的可用程度；人口状况、土地资源利用情况、交通状况、历史文化保护和环境改善需求等社会经济条件因素使地下空间资源的潜在价值和需求有较强的空间分异。以上这些因素决定了地下空间资源利用的类型、开发条件、地质稳定性和生态敏感度，从而影响地下空间资源开发利用的适宜性和开发潜力；城市总体经济社会发展水平、政策法规、气候条件和技术水平等因素则构成影响地下空间开发利用价值的宏观背景条件。

地下空间资源调查评估可能选择的要素集合及指标汇总见表 2.1 所列，可根据不同城市、不同项目的特点和数据获取的难易程度选择相应的要素指标，以便构建地下空间资源的调查评估体系。例如深圳市在地下空间资源规划中采用多因素综合评估法对地下空间资源进行评估，选取了自然地质条件、生态环境和建设条件三大类要素。其中自然地质条件包括地形地貌、土壤类型及水文地质等二级要素；生态环境主要考虑水体和生态绿地的分布；建设条件主要考虑了建设用地范围、建筑分布状况和路网等二级要素（图 2.1）。

地下空间资源调查评估要素与指标汇总表 表2.1

一级指标	二级指标	三级指标	四级指标
地质条件	地形地貌	高程	
		坡度	
		地势（洪涝风险）	

一级指标	二级指标	三级指标	四级指标
地质条件	工程地质	岩土体工程建设适宜性	岩体：承载力，岩体结构，地应力
			土体：承载力，压缩模量，土体的稳定性
		场地抗震	抗震设防烈度，场地类型
	水文地质	地下水类型	承压水头
		地下水补给与变动	地下水埋深，涌水量，渗透系数
		地下水腐蚀性	
	不良地质与地质灾害	断裂带	影响范围，危害程度
		滑坡、崩塌、泥石流	影响范围，危害程度
		地震次生灾害（砂土液化，软土震陷）	影响范围，危害程度
		地面沉降	影响范围，危害程度
		其他不良地质及地质灾害	影响范围，危害程度
生态环境	水环境	地表水体影响范围，环境敏感度	
		地下水体影响范围，环境敏感度	
	生态绿地	绿地影响范围，环境敏感度	
规划建设条件	建设情况	地面空间利用类型	保留类：对地下空间的影响范围
			规划改造类：改造方案对地下空间的影响范围
			开敞类：地面要素对地下空间的影响范围
			道路：市政管线及其他已占用地下空间的影响范围
		已有地下空间	影响范围，受影响程度
	地下埋藏物	地下文物	保护范围，受影响程度
		地下矿藏	分布范围，限制条件
社会经济条件	人口状况	人口密度	
		人口动态流动特点	
	土地资源利用情况	区位	公共活动中心（行政商业中心，交通枢纽，大型公共场馆），区位级别，影响范围
			轨道交通线路走向，站点级别，影响范围
		用地功能	
		土地和房地产价格	
	交通条件	交通流量	
		平均通行时速	
	历史文化保护		
	环境改善需求		

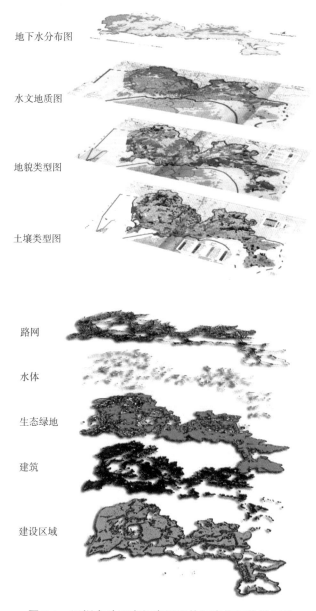

地下水分布图

水文地质图

地貌类型图

土壤类型图

路网

水体

生态绿地

建筑

建设区域

图 2.1　深圳市地下空间资源评估要素指标选择示意

图片来源：深圳市城市规划设计研究院提供

第3章　地下空间资源开发利用工程难度适宜性要素分析与评估指标体系

3.1　地下空间资源工程难度适宜性要素分析

3.1.1　地质条件

1. 地形地貌

地表坡度和高程是地形的主要指标。地形对城市建设用地布局和工程难易程度有重要影响。对于地下空间来说，地形的坡度有时可成为地下空间建设的有利条件，例如坡地有利于建设靠坡式的覆土建筑，形成与岩土体相结合的半地下建筑，与坡地形成错落有致的布局，保护地面空间自然风貌。

地势是地面高度与相邻用地的高低关系。当地面海拔低于相邻用地时，其地表排水能力降低，洪涝风险显著增强。例如2007年7月18日济南暴雨，由于市区南部山区地势较高，洪水自南向北涌入市区，导致泉城广场地下的银座购物广场被淹，造成30多人死亡的惨剧。

以山地丘陵为主要地形地貌的城市，在评估中应重点考虑地形地貌对地下空间利用适宜性的影响。

2. 岩土体条件

岩土体条件直接控制地下空间开发的难易程度，对地下空间资源开发的工期、造价、建设技术及后期运营维护要求，以及地下空间整体的安全性都起到决定性的作用。

（1）土层工程地质

土层的工程地质条件主要包括土层的承载力、压缩模量、土体的稳定性（黏聚力、内摩擦角）等。地基承载力的大小是判断地下空间开发适宜性及造价的重要依据，承载力过小通常需要地基补强措施处理；压缩模量和土体稳定性指标衡量其受荷载变形能力的强弱，决定了在开发施工时是否需要采取特殊措施以确保工程安全和可靠。此外，特殊土体如黄土、膨胀土、软土等分别具有湿陷、冻胀和触变等特性，对地下空间开发通常具有不利影响，其对地下空间开发的适宜性应根据实际项目特点综合考虑。

（2）岩层工程地质

岩层的工程地质特性主要包括岩体完整程度、岩体强度和地应力等。基岩的工程特性首先取决于岩体结构类型及完整性，其次是岩体强度。岩体完整性越好，则施工开挖时的稳定性越好，支护手段简单；岩体强度越高，其承载力越大，越有利于工程的稳定性，但也增大了开挖的难度，增加开挖费用；高地应力区域在地下空间开挖过程中可能出现岩爆、开裂等不良现象，这也是影响地下空间开发的重要因素。

3. 水文条件

地下水的类型、埋深和腐蚀性对地下空间开发利用有重要影响，同时地下空间的开发利用也反作用于地下水环境。地下水分为上层滞水、潜水和承压水三种类型。上层滞水是一种无压重力水，对地下空间开发的影响较小；承压水承受一定的静水压力，在施工中的降水、排水和防水措施比较复杂，而且会对建成后的地下空间建筑底板产生较大的静水压力；潜水是地下工程中常见的地下水，由于其无静压水头，因而相比于承压水，其对地下工程的影响相对较小。地下水在土层和岩层中的特性有较大差别。

1）地下水类型

（1）土层地下水

地下水对地下工程施工和维护都有不利影响，但潜水和上层滞水由于不是承压水，其在工程建设中可有效控制。地下水位较高时，若采用明挖法施工，边坡稳定性会变差，须加强支护及降水、隔水等措施。当地下水位浮动超过地下建筑基础底面时会产生浮力，因此在地下水位较高的地区开发独立的地下建筑工程，须增加抗浮措施。

（2）岩层地下水

岩层中地下水的流动、补给和排泄大多是通过岩层裂隙进行的。完整岩体的透水性很差，可不考虑地下水的影响；但在岩体破碎度较高且地下水丰富的地区，岩体内地下水的流动性较强，水环境较复杂，须采取工程技术措施确保地下空间的安全开发和使用。

2）地下水补给与变动

地下水补给能力强会增加施工期间的地下水控制难度，使用期间的水位变动会对土层地基的稳定产生不利影响。

3）地下水腐蚀性

具有较强腐蚀性的地下水通过对地下结构中的钢筋、混凝土等材料的腐蚀而威胁地下空间的安全。因此，在地下水腐蚀性较强的地区开发地下空间需要采取必要的抗腐蚀措施。

4. 不良地质与地质灾害

地质运动形成褶皱、断层等地质构造，岩土体在各种内外动力作用下，产生动力地质现象，造成对工程建设条件的不良影响。对地下空间开发影响较大的不良地质现象主要有断裂构造、地面沉降、地裂缝、软土震陷、岩溶、砂土液化、崩塌、滑坡和泥石流等。

1）断裂构造

根据活动情况，断裂构造可分为活动断裂和非活动断裂。非活动断裂构造的区域稳定性较好，对地下空间开发的影响相对较小；活动断裂是新构造运动的一种表现形式，除具备非活动断裂的特性外，还存在一定突发地震的可能，对地下空间开发的影响较大，主要体现在：

（1）地震时活断层地面错动和附近岩土体变形，会直接损害跨断层修建或建于其附近的建筑物与地下工程；

（2）活断层是产生不良地质现象的重要影响因素，其发育地带往往产生较大的地形高差和地裂缝，地下水易入渗加大风化强度，容易产生滑坡、崩塌和泥石流等地质灾害。

在活断层错动灾害的研究方面，现代地震科学尚不能对实际工程提供较为精确有效的科学指导，因此一般应采取回避策略。

从总体上看，断裂构造是对地下空间有不利影响的因素，尤其在规模较大的活断层断裂带区域，不宜进行地下空间开发；在一些断层规模相对较小、发生强震概率较低的区域，应再开展详勘确定其地下空间开发的适宜程度。

2）地面沉降、地裂缝与软土震陷

地面沉降是在自然和人为因素作用下，地壳表层土体压缩而导致区域性地面标高降低的环境地质现象。一般而言，地面沉降主要是不合理开采地下水和矿产资源造成的，其常常还有地裂缝伴随而生。地震时发生的软土震陷也会产生与地面沉降类似的影响。地面沉降、软土震陷和地裂缝易造成地下建筑和管线变形、损坏，施工过程中出现标高混乱、分段对接错位等，因此较不利于地下空间开发。

3）岩溶

岩溶是由于地表水或地下水对可溶性岩石的溶蚀作用而产生的一系列地质现象。岩溶可产生对建设工程很不利的地质问题，如岩体中空洞的形成、岩石结构破坏、地表突然塌陷等，这些现象严重影响建筑的使用安全。易出现岩溶塌陷且规模较大的区域不宜开发地下空间。岩溶地质对地下空间的影响程度通常可用塌陷等级指标来评价。

4）砂土液化

在地震作用下，饱和松散的砂土尤其是粉细砂，其颗粒趋于密实并重新排列，土中孔隙水无法排除，瞬间处于悬浮状态，失去地基承载力，造成砂土液化。砂土液化对地下空间的影响主要表现在：引起地面开裂、边坡滑移、喷水冒砂和地基不均匀沉降，导致地基失效，造成建筑物变形和破坏。砂土液化程度通常以液化指数和地震烈度为评价指标。

5）崩塌、滑坡和泥石流

崩塌和滑坡对地下空间开发的影响主要是易造成施工事故，如施工振动引发崩塌滑坡体进一步松动，促发地质灾害。泥石流一般是由于强降雨导致的破坏强度很大的自然灾害。建成后的地下空间对这些灾害具有一定的防护能力，但对地下空间出入口的安全存在隐患，如地震或强降雨时崩塌和滑坡掉落的岩土体以及泥石流的流体可能堵塞地下空间的出入口，威胁使用安全。这类因素对地下空间开发的影响主要体现在工程成本和风险上，通常用灾害发生危险性等级评价。

3.1.2 生态环境条件

1. 水环境

水环境包括地表水和地下水两类。地下空间开发建设受水环境制约主要体现在：地下空间的开发建设可能切断地下水的通道，改变地表水和地下水的水力联系，改变地下水径流，导致地下水资源重新分布，进而影响地面水系分布和生态环境；不恰当的开发利用地下空间也可能对水体造成污染。

对于地表水，在一、二级水源保护区内不宜开发建设地下空间；其他区域可本着适度开发的原则，根据实际条件综合确定开发量。

对于地下水，在敏感和较敏感区内不宜开发建设地下空间；其他区域在技术措施合理科学的情况下可适当开发地下空间。

包括地表水和地下水在内的城市水环境对维护城市景观、改善局部气候和保护生态环境具有重要意义，由于开发地下空间可能切断水体之间的联系，因此对水域下的地下空间，通常只适宜进行必要的局部开发，如市政管线、交通隧道穿越水体下部，以及部分水下观光娱乐设施等。

2. 绿地

绿地是城市生态空间的重要组成部分，在城市新建和更新改造过程中，增加绿地面积是改善城市生态环境、提高城镇化质量的内在要求。开发绿地下部地下空间是增加城市空间容量的一种可行的方法，但绿地下空间的开发对植被有一定的不利影响，如阻碍植物根系正常生长，切断土层水力联系增加植物获取水分的难度。

为了维持绿地植物正常生长，保护其生态效益，应对绿地地表下方的地下空间开发进行一定限制，确保足够的覆土厚度。对于木本植物，在地下 15 米以下开发地下空间一般不会阻碍植物正常生长；对于草本植物和灌木，地下空间覆土厚度大于 3 米时一般就不会阻碍植物生长。此外，绿地地下空间的开发也受生态保护等级的影响，人工维护程度高的观赏性绿地对地下空间资源的限制较少；以发挥较大生态效益的大型乔木绿地对地下空间开发的限制深度则较大。

3. 小结

综上所述，生态敏感性要素在实际管理中通常会划分不同的敏感区或保护等级，因此其对地下空间开发的影响可考虑用敏感程度或保护等级来评价。地下空间资源评估应根据生态要素的敏感程度或保护等级确定地下空间资源的可利用程度、深度和规模。

3.1.3 规划建设条件

地上和地下建（构）筑物的存在，给地下空间的开发造成了很大制约，增加了地下空间开发利用的工程难度。现状建设条件对地下空间资源的制约程度与建筑物的保护程度、建筑高度、结构形式和基础形式等关系密切。

城市建筑根据其在城市规划中的保护程度分为保护、保留以及改造等类型。保护类建筑包括文物建筑、历史文化风貌保护区内有一定历史文化价值的建筑等；保留类建筑是指未列入保护类建筑范围，又未列入拆除改造计划的现有建筑物，是城市建筑中规模比例最大的一类；改造类建筑是被列入城市改造规划范围的现有建筑物，这类建筑所在地块的地下空间资源可与地面改造再开发同步进行，因此从现状建设条件角度看是优质的资源赋存区。在保护和保留建筑空间范围内，建筑物与地下空间开发存在制约关系，已有建筑物的存在使地下工程施工难度增大，同时地下工程的建设也对一定范围内的已有建（构）筑物产生不良影响。因此，从地下空间资源开发的角度，可以认为建筑物一定影响范围内的地下空间资源不宜开发。

在进行总体规划层面的宏观地下空间资源评估时，建筑物类别对地下空间资源的影响深度及地下空间开发适宜性见表3.1。

建筑类型对地下空间资源影响分析   表3.1

建筑类别		对地下空间资源的影响深度	地下空间开发利用适宜性
规划改造类建筑		无影响	适宜开发地下空间
保护保留类建筑	低层	基础埋深小，建筑物荷载小，对地下空间影响深度较小，一般仅影响浅层资源	在建筑物基础影响深度范围内，地下空间资源开发受制约较大；影响深度范围以下可考虑开发利用地下空间
	多层	基础埋深较大，建筑物荷载较大，对地下空间资源影响深度较大，浅层和次浅层都可能受影响	
	高层	一般采用深基础，建筑物荷载大，基础稳定性要求高，对地下空间资源影响深度很大，一般认为可影响到次深层资源	

在详细规划层面涉及具体地块和项目的地下空间资源评估时，则应根据详细的地勘资料和相关建（构）筑物的工程建设资料划定影响范围和开发适宜性。

3.2 地下空间资源工程难度适宜性评估指标体系

地下空间资源工程难度适宜性的评估指标由地质条件、生态环境和规划建设条件三大类组成，每类指标由若干分级指标构成，根据所评估的项目规模和设计深度，选用不同层级的指标，以得到工程适宜性的综合评估结果（图3.1）。

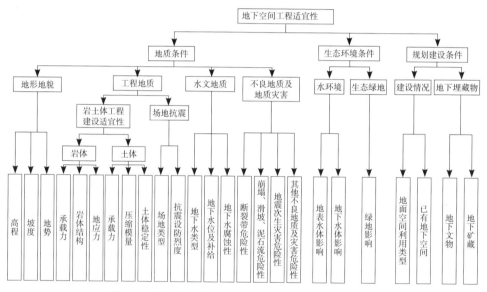

图 3.1 地下空间资源工程适宜性评估指标参考体系

图片来源：作者绘制

第4章 地下空间资源开发利用价值要素分析与评估指标体系

4.1 地下空间资源开发利用价值影响要素分析

城市不同区位开发地下空间所能产生的价值是有区别的，即地下空间资源开发的价值存在明显的空间差异。这种差异与城市不同地段空间资源的紧缺程度、交通条件、环境改善需求以及经济发展水平等因素密切相关，这些因素即地下空间资源开发价值的社会经济条件要素。评价地下空间资源开发利用的价值应是包括经济效益、社会效益、环境效益等在内的综合效益。影响地下空间资源需求和价值的社会经济条件要素主要是城市发展阶段和经济水平，包括城市人口状况、土地资源利用情况、交通条件、历史文化和环境改善需求等多个方面。

4.1.1 人口状况

城市是为人服务的，因此城市人口的组成结构、人口分布密度、人口总体规模等状况对城市空间资源及其他条件的需求、城市空间利用的方式和效果有根本性的影响。

人口密度的大小决定了城市单位土地面积上供人类生存的资源条件的需求强度和人均占有空间资源和服务设施的数量。需求的存在是资源开发利用的根本动力，对资源需求的强弱也决定了单位资源开发价值的大小；而人口密度正是表征城市单位面积土地上人类生存对资源需求强度、反映资源短缺水平的重要指标。另一方面，人口密度越大，越能体现地下空间利用的价值和效率。

从静态人口指标与空间需求来看，城市人口规模决定了城市空间总需求量和平均需求强度。例如我国人防工程设计标准就是按城市常住人口数量来核定人防空间的建设面积的。

在居住用地、交通设施用地、公共管理与公共服务用地及商业服务业设施用地的用地指标上，除了静态空间需求，动态的人流分布和人口密度也对城市空间形态和空间资源供给提出动态、不确定的、可变的需求。以人流密度峰值或城市功能设施总体效率最优进行空间配置是城市和建筑空间规划设计常用的方法。在根据人口状况分析地下空间资源需求和价值关系时，应区分具体研究对象相关的人口指标，在公共空间应重点关注动态人口密度。

4.1.2 土地资源利用情况

1. 区位

在城市土地评价中，有绝对区位和相对区位的概念。绝对区位是在评价体系中起决定和控制作用的空间区位；相对区位是以绝对区位为参照而形成的空间区位。

城市商业中心、行政中心和重要交通枢纽等对城市发展和地下空间的开发起重要的引导作用，可看作绝对区位。这些地区开发地下空间可以扩大空间容量，提高土地利用效率，获得较高的经济效益；同时，结合地下公共空间的建设，改善地面的交通和环境，能取得可观的社会效益和环境效益。

地铁线路往往构成一个城市地下空间发展的骨架。地铁线网不仅串联地铁沿线众多车站，而且易于与站点周边地区形成地下连通的大型地下综合空间，形成巨大的地下空间集聚效应和网络效应，大幅提升地下空间的综合价值。地铁站周边地区地下空间的开发将地铁的交通便利性向四周扩大，提升周边地区作为交通枢纽集散和缓冲人流的作用。

地铁建设可提升站点周边土地的价值。根据有关测算，地铁车站附近 1000 米范围内，其土地价值可提升 50% ~ 200%。根据国内学者对日本埼玉新交通线和上海地铁 1 号线的研究，地铁对于周围 2000 米范围内地价有明显的提升作用；如果沿线综合开发得好，甚至会形成新的城市副中心，从而拉动附近社区的经济和社会发展，同时也增加土地市场收益。从国内外城市地铁建设运营经验看，轨道交通站点周围是银行、便利店、商场、超市等商业及公共活动空间的黄金宝地。

为地下空间资源评价的应用方便,可把城市区位分成若干类别,见表4.1所列。

城市区位分级标准参考　　　　　　　　　　　　　　　　　表 4.1

区位级别	分布范围	开发价值评价
一级	市级行政商业中心,重要交通枢纽、轨道交通枢纽换乘站	优
二级	区级行政商业中心,轨道交通一般换乘站,公共活动场馆	良
三级	公交枢纽站,轨道交通非换乘站	中
四级	城市一般建设区域	较差
五级	城市偏远区域	差

2. 用地功能

城市土地开发类型对地下空间开发的需求不同,也决定了用地功能对地下空间资源开发所带来的综合效益实现程度。综合各类用地对地下空间需求和开发价值的影响见表4.2所列。

城市用地类型对地下空间需求的影响分类　　　　　　　　　表 4.2

用地的功能性质	用地的区位因素	地下空间开发的动力	适合开发的类型	开发需求价值
商业服务业用地	地价及租金、交通、人流密度	扩大城市容量缓解发展压力、交通立体化、土地价值最大化	集合地下商业、服务业、交通枢纽的地下综合体	高
居住用地	房地产价格、交通、居住环境	停车地下化、公共设施地下化、人防工程	地下停车场、地下配套设施、人防工程	高
道路广场用地	交通、人流密度	停车地下化、公共设施地下化、改善地面环境	交通功能为主,兼顾市政、商业、服务业等功能的地下公共设施	高
公共管理与公共服务用地	交通、接近服务对象	停车地下化、提高防护	地下停车、物业管理与服务	较高
公共绿地	环境需求、政府规划	创建良好的城市空间环境,提高生活品质	公共活动半地下开敞空间	较高
交通用地	市民需求、政府规划	节约地面空间、改善环境	轨道交通、市政综合管廊	较高
物流仓储用地	租金、用地要求	节约城市空间资源	地下仓库、地下物流系统	中
市政设施用地	城市需求、用地要求、政府决策	市政设施更新改造	地下市政设施、综合管廊	中

用地的功能性质	用地的区位因素	地下空间开发的动力	适合开发的类型	开发需求价值
工业用地	租金、交通、土地适应性、劳动力、市场、环境保护	节约土地资源、减少工业污染	地下仓库、需要地下环境的特殊工业车间	较低
农业用地及水域	地价	缺乏开发动力	不适合开发	低

3. 土地和房地产价格

土地和房地产价格反映土地利用所能产生的经济价值和使用成本。地下空间资源的价值之一就是对城市土地资源的延伸和拓展。地下空间对土地空间的增容作用和集聚效应使得土地资源的单位成本投入相对降低，单位产出则相对提高。有统计表明，在商业区，地下一、二层的经济效益与地面一、二层相当，比地面三层及以上的经济效益要好。因此，根据土地和房地产价格，可预期地下空间可创造的土地资源附加价值，可将土地和房地产价格作为衡量城市内部不同地段地下空间资源价值的要素之一。

由于各城市的土地和房地产价格有很大差异，同一城市在不同时期的价格也有不同，因此在地下空间资源价值评估的实际应用中，通常是参考整个评估区域价格的最大和最小值，将价格的数值分为区间，以对应相应的优劣等级。

4.1.3 交通条件

交通是否方便快捷是衡量城市运转效率和宜居程度的重要指标。目前，交通堵塞是我国许多城市都出现的"城市病"。交通矛盾的核心是行车密度过大、人流车流混杂，这导致车速过低、交通效率低下、安全水平降低。城市交通拥堵问题单靠拓宽道路和设置立交是不能完全解决的，还应采取合理的分流措施。开发利用地下空间是城市交通立体化分流控制的重要手段和发展方向，其体现的价值包括减少能源消耗的经济价值、改善通行效率的时间价值、减少环境污染和改善安全水平的社会价值。

4.1.4 历史文化保护

在历史文化保护区，以下情况开发地下空间应持审慎的态度：地下埋藏文物较多的区域；开发地下空间可能对地上历史保护建筑的结构安全产生不利影响。在某些历史文化保护区域，出于游览、存储等功能扩充的需要，为了不影响地上的历史景观风貌，适当开发地下空间满足这些功能要求便体现出较高的社会价值。例如，北京故宫利用地下空间修建了文物储藏库；法国卢浮宫扩建工程总建筑面积 7 万多平方米，利用地下空间修建了大厅、剧场、餐厅、商场、仓库及停车场等设施，有效地避开了场地狭窄的困难和新旧建筑的矛盾冲突（图 4.1）。

图 4.1　法国卢浮宫地下空间开发利用实景

①图片来源：http://www.ikuku.cn/post/66533

②图片来源：http://jw.sytu.edu.cn/syjxzx/sjys/demo/htm/kongjian.htm#slide0157.htm

4.1.5　环境改善

美国波士顿中央大道建成于 1959 年，为高架 6 车道，直接穿越城市中心区，将原来的波士顿北区及相邻的滨水区与老城中心区相隔离，是美国最拥挤的城市交通线，堵塞、事故、油料浪费、尾气污染等问题使城市生态环境日益恶化。1989 年起，波士顿用 15 年的时间完成了中央大道桥改隧工程，用地下隧道替代地面高架桥，提供了一个新的城市交通模式，探索出一条解决古城保护、城市更新等问题的重要途径。城市交通地下化腾出地面空间以绿化、适度开发及增加不同区域的城市生活联系，减低了道路对城市的割裂，实现了土地的多重利用；安全、便捷的地下交通减少了地面不同交通形式的交叉，并可在减少拥堵的同时降低污染和改善城市环境，体现出巨大的经济价值和社会价值（图 4.2）。

（a）隧道建成后的城市环境　　　（b）隧道建成前的城市环境　　　（c）隧道建成后的地面景观

图 4.2　波士顿中央大道地下化改造前后实景对比

①图片来源：http：//www.mfb.sh.cn/mfbinfoplat/platformData/infoplat/pub/shmf_104/docs/200612/d_44475.html

②图片来源：http：//www.archcy.com/focus/redevelopment/4c33c7dc891a4a4a

4.2　地下空间资源开发利用价值评估指标体系

如 4.1 节所述，地下空间资源价值评估指标由人口、区位、用地功能、土地和房地产价格等指标组成（图 4.3），根据所评估的项目规模和设计深度，不同的指标采用不同的定量方法，以得到资源价值的综合评估结果。

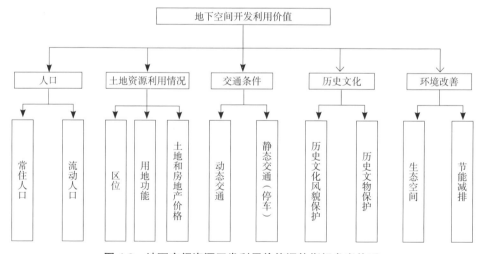

图 4.3　地下空间资源开发利用价值评估指标参考体系

图片来源：作者绘制

第5章　地下空间资源调查评估方法与技术

5.1　地下空间资源调查评估方法

在对地下空间资源质量进行评估时往往要考虑诸多因素。这些因素各自的属性、重要程度和可比性不同；其次，对各因素属性指标进行评估和度量时，存在较大的不确定性和主观经验性。因此，地下空间资源质量评价和择优是在较模糊的环境下开展的多层次、多属性的决策问题。根据项目范围、层次和设计深度的不同，通常可采用的方法有主导因素评判法、最低限制因素评判法、多因素综合评判法、地域对比评判法和标准值对照评判法等。

5.1.1　主导因素评判法

如果在影响资源质量的多个因素中存在一个或几个决定性作用的主导因素，可采用主导因素评判法，将主导因素作为评判资源价值或划分等级的依据，忽略其他因素的影响。

深圳市在进行华强北、宝安中心片区的地下空间资源评估时，先对影响区域内地下空间资源评估的主导因素进行了分析。由于项目范围较小，地质条件相对较为均一，对评估结果基本不会产生差异性的影响，因此对地质条件要素未予考虑；对公共资源要素，主要从用地类型来判断地下空间的开发难度；对需求价值要素，主要考虑建筑功能、开发强度和轨道交通的带动作用（图 5.1）。

图 5.1　深圳市华强北和宝安中心片区地下空间资源评估主导要素

图片来源：深圳市城市规划设计研究院提供

5.1.2　最低限制因素评判法

对资源质量的限制因素进行分析，根据处于最低状态的因素对资源质量进行等级划分。该方法一般在资源分布调查或生态环境敏感性分类评价中采用。

聊城市在进行地下空间资源评估时，对区域内影响地下空间资源利用安全性的不良地质构造和生态环境敏感区域采取了最低限制因素评判法，划定不宜开发的区域（图5.2）。

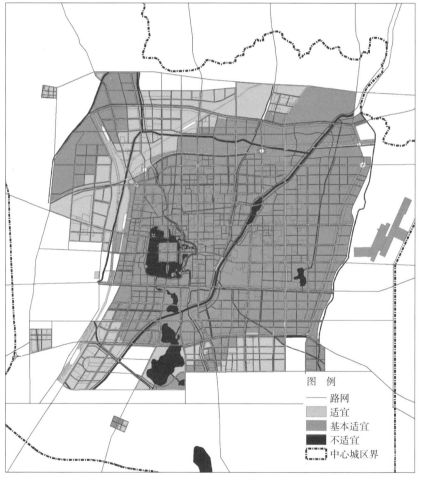

图5.2　聊城市浅层地下空间开发适宜性分析

图片来源：作者绘制

5.1.3　多因素综合评判法

选取对资源质量有影响的多个限制因素作为评价要素，对每个评价要素进行指标分级，再将各限制因素评定的级别采用一定的数学方法综合评判，根据综合评判结果对资源价值进行等级划分，通常利用多准则或多目标决策的理论进行资源评价分析。该方法广泛用于资源质量评估模型中，本书第三部分所举案例几乎都应用了该方法。

5.1.4　地域对比评判法

根据资源所处的地域单元中可反映资源质量特征的各有关指标的系统对比来评定资源的相对质量，得出相对优劣的评价结论。城市空间区位分析中常采用优势区位排序，按级别优先顺序排队的原则和方法评价。

5.1.5　标准值对照评判法

按照国家、国际规定或公认的标准对资源质量进行等级评定。该方法一般多用于单因素分级中。

5.1.6　评估方法与模型的选择

评估模型研究的重点在于界定评估客体所蕴藏的价值体系、分解价值体系的构成要素、表达价值要素之间的关系。评估客体所显示的被评估的价值体系内涵通常称为评估内容。对评估内容的界定、分解、组合，建立表达评估内容的数理模型，就是评估中的评估模型问题。

根据影响地下空间资源质量要素的作用机理，可将评估要素分为两大类：一类是限制型要素，这类要素的出现会使得地下空间资源不宜或不可开发，例如保护和保留建筑的地基基础保护范围、水源保护地的生态环境敏感区，很难或无法通过工程措施消除这类要素的影响；另一类是影响型要素，这类要素只是不同程度地影响地下空间资源的开发，不会产生刚性的限制，可通过采取一定的工程措施或补偿的办法降低这类要素的不利影响。

对限制型要素，根据其刚性限制的特点，较适于使用排除法，即最低限制因素评判法，确定开发地下空间的刚性范围；对影响型要素，应根据要素的影响规律建立评估模型，对其影响程度进行定量或分级评估。

地下空间资源评估综合多种要素，在评估方法的选择上应根据项目所在地的自然和社会经济条件、基础数据获取的难易程度以及设计方案的需求综合选用一种或几种方法；评估模型的建立应基于一定的理论，常用的有层次分析法、德尔菲法、模糊综合法、多目标线性加权函数法等。评估模型应与指标体系相匹配，通过指标权重系数量化指标之间的关系，根据评估值的大小来反映评估对象的等级状况。

5.2 数据采集与评估单元划分

地下空间资源评估是以一定的空间单元为单位载体，运用构建的理论模型对汇集在单元载体上的各评估要素的属性值进行综合评判、归类、叠加或计算来完成。通过对基本评估单元的评估结果进行汇总，形成评估范围内地下空间资源评估的总体结果。为了获得地下空间资源特征的空间分布与表达，应基于具备空间和属性数据管理的软件平台采集和处理基础数据，构建评估模型，实现空间数据与属性数据的耦合分析，为地下空间规划方案的制定提供决策支持。

5.2.1 资源调查评估的信息技术应用

地理信息系统（GIS）、遥感（RS）、全球定位系统（GPS）在现代空间信息中各有不同的应用，同时也密不可分，常被合称为"3S"，是实现地下空间资源调查评估准确高效的信息技术平台。3S技术的应用表现在以下方面：

（1）数据采集阶段

利用RS可获取调查区域内地物与周边环境的信息，经过遥感图的判读和实际验证，可获取建筑物、水系、道路、地貌植被等要素的分布情况。利用GPS可获取各类重要地物及其建筑物的空间位置与高程信息。利用GIS中的数字化工具可将扫描数字化后的各类已有的地质和地形资料转换为矢量格式。

（2）模型分析与数据计算阶段

GIS 平台可将 GPS 获得的空间位置信息、RS 获取的空间类型信息及其他空间和属性信息融合在一起，并进行空间分析和数据计算。

（3）成果表现阶段

GIS 平台可对地下空间资源的评估结果进行图形展示和统计分析。

5.2.2　评估单元的划分

城市规划阶段和深度的不同，对空间尺度、精度以及三维表达的要求也不同。城市总体规划阶段，空间分析和研究的尺度较大，工作内容以平面土地利用为主导，竖向控制次之，地下空间资源在平面上的分布和特征表达与竖向相比占主导优势。在详细规划阶段，尤其是修建性详细规划和工程设计阶段，空间分析尺度限定在较小的范围内，研究和控制的内容更加具体和深入，用地的竖向尺度效应变得显著，地下空间资源的分布和特征表达也应体现竖向差异。

地下空间资源评估单元是在评估中用以记录资源空间信息和属性信息，实现评估运算的基本空间单位。单元划分应结合规划项目的需求。总体规划层面的工作主要是确定地下空间设施在平面上的空间布局，其次是确定竖向层次，因此，这一层面的评估可以路网为划分依据，以规划或现状地块为基准划分单元；详细规划层面可能涉及地块内具体地下空间设施的平面和垂直布局关系，可根据需要进一步细化评估单元，以保证评估单元要素指标值的唯一性。由于地下空间资源随深度的变化而在功能、使用频率、开发成本等方面呈现一定的差异性，因此在评估时也应在竖向深度上分层，以表达资源随深度变化的不同使用特性。

根据资源评估获取实际原始数据的特点和评估要求，可采取两类不同的数据格式，即"矢量数据平面单元＋竖向分层"和"栅格数据平面单元＋竖向分层"。矢量单元以矢量格式记录空间特征信息，优点是可以准确地表达空间要素的地理边界，利于后续规划直接使用；栅格单元以格网形式存储空间信息，数据结构简单，但边界表达较粗糙。数据格式的选择应以方便规划使用为原则。

第二部分
地下空间需求预测

第6章 地下空间开发利用需求预测概述

6.1 地下空间需求预测的目的

城市的建设与发展是一个大型的系统工程，各因素之间相互影响、相互制约。地下空间作为城市系统中的一个要素，与城市发展的其他要素之间关系密切。地下空间开发的功能类型和规模受到城市人口、用地规模、经济实力、基础设施建设水平、环境质量等诸多因素的影响和制约，反过来又对城市发展的其他方面起到制约与促进作用。因此，根据城市的自然条件和发展水平科学预测地下空间开发利用的功能类型和规模，是实现城市协调、快速、可持续发展的客观要求，对城市的发展具有十分重要的战略意义。

另一方面，城市地下空间作为一种宝贵的自然资源，其开发利用具有一定的不可逆性，一旦开发利用一般很难甚至无法改造重建。因此，在开发之前，结合城市发展要求进行科学预测分析，引导城市地下空间资源在一个较为科学合理的限度和范围内进行有序开发，对合理利用和节约城市资源具有重大意义。

6.2 地下空间需求预测的原则

（1）协调性原则

城市地下空间是城市空间的重要组成部分，其开发利用应努力实现地下空间与地面空间在规模上协调、在功能上互补、在形态上整合、在环境上和谐。地下空间开发利用应注意将开发与保护相结合，将地下空间自身安全与防灾功能相结合，将科技与文化艺术结合，努力实现地下空间适度有序发展和可持续发展。

（2）可操作性原则

地下空间需求预测的目的是解决地下空间规划编制过程中功能与建设量的问题，预测方法应适应规划编制的业务需要，选取的指标应具有较强的确定性和边界，预测所需的数据和其他资料应较容易获取，注重需求预测理论与方法的可操作性和实用性。

（3）适应性原则

由于地下功能类型设施的种类繁多，在进行地下空间开发规模预测时，有些设施能够进行量化预测，有些设施不易进行量化预测，有些地下设施系统本身已有相关的专项规划。因此，地下空间的需求预测应根据实际进行分类处理，针对不同的需求采取与之相适应的理论和方法。

6.3 地下空间需求预测的内容

地下空间的需求预测包括对地下空间开发利用功能类型、开发量和建设时序的预测，具体为：

（1）根据城市发展对空间的需求，分析部分城市功能和设施地下化转移的必要性，进而对需要开发的地下空间功能类型进行预测；

（2）根据城市经济社会的发展现状及规划情况确定地下空间的开发时序；

（3）根据地下空间功能类型的预测分析，区别不同的规划范围、层次与设计深度，适当地分层次、分区位、分系统预测不同时期的地下空间资源开发量。

为了提高需求预测理论和方法的可操作性和实用性，地下空间在进行需求预测时，应区分总体规划和详细规划等不同的规划层次，结合不同的边界条件和编制要求，分别采用相应的需求预测理论与方法。

6.3.1 城市总体规划层面的地下空间需求预测

（1）需求预测的内容

城市总体规划层面的地下空间需求预测应根据城市总体规划的特点，从整个城市发展的高度出发，根据城市的经济、社会、交通、环境等发展趋势，结合城市总体规划对地下空间开发的功能类型和一些主要设施的开发规模进行预测（图6.1）。对于整个城市来说，其发展的很多边界条件并不确定，而很多与地下空间相关的城市系统要素的发展本身也需要进行预测，因此，总体规划层面的地下空间需求预测应侧重于预测城市未来地下空间发展的趋势，为总体上把握城市地下空间的发展方向服务。

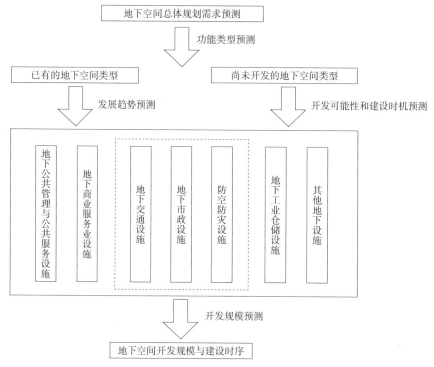

图 6.1   总体规划层面的地下空间需求预测内容

图片来源：作者绘制

（2）功能类型的需求预测

总体规划层面的地下空间功能类型需求预测应以城市现状的发展水平和城市总体规划为依据，根据城市性质、城市职能和城市发展目标确定城市未来的发展方向，充分吸收国内外同类城市地下空间开发利用的经验，再结合本城市发展的自然和社会经济等客观条件，通过城市发展与地下空间的关联性分析，对地面功能设施进行地下化建设的可行性和建设时机开展研究，预测城市未来不同阶段地下空间开发利用的类型。

对不同发展阶段的地下空间应采用不同的预测方式。对城市已有的地下设施，应根据城市未来的发展方向提出该类设施开发利用的发展趋势；对本城市尚未建设的地下设施，应根据该类设施建设所需的外部和内部条件，结合本城市的自然条件、社会经济条件和城市规划对城市未来发展的定位，分析该类地下设施开发建设的可能性和建设时机。

（3）开发规模的需求预测

在地下空间开发量的预测方面，通过一些指标与数据的拟合得出的城市地下空间需求的总量，主要目的是用于一定时期内城市地下空间开发建设的投资水平估算，以便从总体上把握城市地下空间开发的规模和分批建设量。因此，总体规划层面的开发规模预测应根据重点性原则，估算几类主要的地下设施的开发规模。这些主要的地下设施构成城市地下空间开发的框架，应是能够引领城市地下空间由点到线，再到面进行大规模开发的设施，一般包括地下轨道、公路、停车等交通设施，地下市政设施以及防空防灾设施等。在主要地下设施开发规模预测的基础上，对城市地下空间总体开发规模预测可通过对这些设施开发规模适当进行比例放大的方法来给出预测量。

6.3.2　城市详细规划层面的地下空间需求预测

（1）需求预测的内容

详细规划层面的地下空间需求预测面向的对象是城市中局部区域的地下空间开发利用，主要是在城市地下空间总体规划的框架内，根据局部区域的详细规划及其他相关规划，在充分分析该区域发展目标及功能定位的基础上，分析该区域未来发展中可能遇到的城市问题以及通过开发利用地下空间解决这些问题的可行性，预测地下空间开发的功能类型；并根据地上与地下协调发展的原则，对各种地下设施的规模进行较详细的计算。在详细规划层面，局部区域城市发展的边界条件相对比较确定，因此对需求预测的准确性就有更高的要求。详细规划层面的局部区域地下空间需求预测结果应能够直接应用于具体的规划和建设实践中。

与总体规划层面相比，详细规划层面地下空间需求预测内容基本相同，都包含对功能类型和需求规模的预测；区别在于总体规划层面的地下空间需求预测着眼于整个城市的发展，详细规划层面的地下空间需求预测限定于城市的某个区域，预测的内容要落实到具体的地块，同时要考虑各类用地之间的连通关系，以便于各相邻地块间地下空间的衔接与协调（图6.2）。由于着眼点不同，在具体预测的处理方法上也存在着明显的差异。

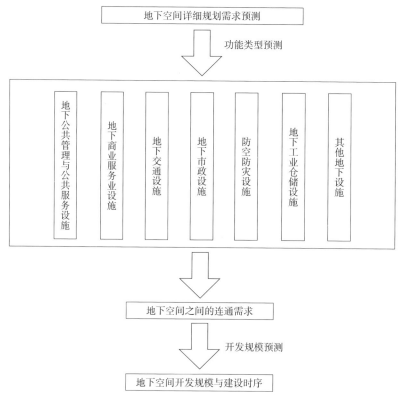

图 6.2 详细规划层面的地下空间需求预测内容

图片来源：作者绘制

（2）功能类型的需求预测

功能类型及开发形态的需求预测主要从该区域的详细规划着手，充分考虑地面建筑密度、建设容积率和用地功能等规划控制要求，预测地块内部分城市功能地下化的需求。此外，还应考虑各用地之间的交通联系需求，以预测通过开发地下空间实现交通分流的必要性。

（3）开发规模的需求预测

详细规划层面的需求规模预测应首先根据地面建筑密度、建设容积率及高度限制等控制要求估算地面建设量，再计算相应的地下空间配套建设量。用地之间的连通性地下空间需求预测应首先根据用地功能分析用地间的交通联系强度和地下市政设施的联系需求，依此预测交通联系通道和市政廊道的建设量。

6.3.3　小结

无论是总体规划层面还是详细规划层面的地下空间需求预测，都不必拘泥于标准的框架，而是应根据实际项目的需求开展工作，仅仅根据理论方法计算出的需求量未必对规划方案设计和实施具有指导意义。

第7章 地下空间需求分析

7.1 地下空间的需求特征分析

地下空间需求包括确定的刚性需求和潜在的弹性需求。对大多数城市建设案例来说，地上方案比地下方案相对容易实施，因此采用地下方案需要有明确的动机，而这些动机主要来自地下空间的特殊优势。一部分城市功能必须使用地下空间，如人防设施、地下铁路、市政管线等，这类功能对于地下空间的需求是确定的、刚性的；而另外一些空间需求，如商业设施、行政办公设施、教育设施等，并不一定要使用地下空间来建设，这类需求是潜在的、弹性的，只在某些条件下才考虑将其建造在地下。地下空间的需求与经济和科技的发展也存在互动关系。地下空间利用的进展是随着科技的进步、经济实力的增强而出现的。不仅是由于交通堵塞、环境恶化等"城市病"的压力，经济和技术上的储备也为地下空间的开发利用提供了动力，使得诸多不是必须使用地下空间的城市建设案例也利用了地下空间。地下空间的开发需求随着实践经验的增加是不断增强的。随着人们对地下空间越来越熟悉、认可和接受，使用者、开发商和政府利用地下空间的动机都会加强。确定的刚性需求较容易预测，而潜在的弹性需求是地下空间需求预测的难点。

7.2 地下空间的需求主体分析

地下空间建设需要明确的动机，而不同相关者，包括个人和团体，对地下空间的使用具有不同的动机。这些相关者包括：使用者、投资者、管理者、附近居民和职员、公众和社会（表7.1）。以我国的情况，大致可分三类需求相关者：使用者、开发商、政府。三者对产品、性能与功能有不同的需求。

地下空间需求动因与相关者的关系　　　　　　　　表 7.1

需求动因与特性	需求的主要相关者
地下建设是唯一的选择	使用者，投资者 / 管理者，公众 / 社会
更好的功能性	使用者，投资者 / 管理者
避免外界干扰	使用者，投资者 / 管理者
节约资源	投资者 / 管理者，公众 / 社会
耐久性	投资者 / 管理者，公众 / 社会
更高的建筑密度	投资者 / 管理者，附近居民 / 职员，公众 / 社会
更好的可达性，减少阻碍	使用者，投资者 / 管理者
多功能、有效的土地利用	投资者 / 管理者，附近居民 / 职员，公众 / 社会
与其他设施结合	使用者，投资者 / 管理者
有碍景观的设施地下化	投资者 / 管理者，附近居民 / 职员
减小对周围设施的影响	投资者 / 管理者，附近居民 / 职员
减少环境影响	公众 / 社会
保护有价值的功能	附近居民 / 职员，公众 / 社会
增强外部安全性	附近居民 / 职员，公众 / 社会
经济产出	投资者 / 管理者，公众 / 社会

（1）使用者需求

使用者需求包括建筑功能需求和环境质量需求两方面。

就建筑功能需求而言，使用者一般并不会特别偏好地下空间。例如购物者进入地下商场，只是因为购物需要，而商场是否在地下并不重要；行人使用地下通道，只是因为过街需要，如果地面有通道可以使用，行人更愿意使用地面通道。据深圳市进行的一项居民调查显示，只有不到50%的人过街时愿意使用地下通道。另一些情况下建筑功能需求也不是直接需求，例如一些城市往往是为了改善地面环境而将变电站、垃圾转运站以及水处理等市政设施地下化，而这些市政设施对地下空间并没有直接需求；市民甚至可能并不直接使用这些地下设施，只是享受设施地下化带来的环境改善的外部效益。

相比建筑使用功能，使用者对地下空间环境质量的需求更为突出。长时间有人员活动的地下空间必须满足一定的建造标准，包括光学、声学、湿度、温度等标准，以满足使用者生理、心理上的需要。这些需求须由相关领域的专业人员对光照、通风、防灾等问题进行研究。

（2）开发商需求

开发商的需求是获得最佳的经济效益，为此可能会利用地下空间，这时的开发行为表现为一种投资需求。此时，地下空间是被作为一种生产资料而需要的。这种需要会受到法规影响，在限制容积率且地价昂贵的地方，开发商更有动力利用地下空间以充分发挥土地的经济价值。对于典型的商业型地下空间来说，开发商获得经济效益是通过购物者在此消费实现的，因此，开发商对商业地下空间的投资需求根本上是由市民的消费需求决定的。

（3）政府需求

政府在公共产品上的决策和投资主要是反映市民的需要。为保证地面环境质量，政府可能在土地利用率很高的地方开发地下空间，留出地面建造绿地，满足市民的需要，例如纽约曼哈顿的中央公园；在交通拥挤的市中心或重要交通枢纽开发包括地下的多层换乘枢纽，例如深圳罗湖口岸及火车站交通枢纽、上海虹桥综合交通枢纽等。这些项目中，直接投资开发地下空间的往往是政府，政府以市民的需求及城市发展目标、功能改善为动因而开发地下空间。这类地下空间的利用主要是公共产品，个人很少有足够的经济实力进行大规模开发，因此政府必然成为地下空间开发的主要推动者。政府代表市民的声音，保障城市的健康发展，直接对地下空间是否需要建设进行决策，并组织对地下空间进行规划设计，甚至直接参与建设。由于地下空间建设在整体和局部都涉及公众利益，因而就需要政府规划部门充分掌握当地需求，同时结合城市的发展目标、资源状况、资金和技术水平做出合理的决策。地下空间需求预测也正是从规划工作中产生的需求。

7.3　地下空间需求的内容与机理

地下空间作为一种建筑空间，其需求是基于容纳、移动等建筑功能的空间需要。表 7.2 列出了地下空间需求的主要目的与内容示例。

地下空间需求目的与内容　　　　　　　　表 7.2

需求目的	地下的主要特性利用	需求内容示例
扩大空间容量 提高经济效益 优化空间功能	适宜拓展空间 可能具有较高经济效益	地下商业街 地下办公设施 地下文体娱乐设施
改善城市交通 人车分流 步行安全性	与地面不干扰 地面已无法拓展道路	地铁 地下人行道 地下快速路
保护环境和景观 保留历史建筑	和地面互不干扰 可拓展空间	地下变电站 地下博物馆
防灾减灾	必须使用地下	人防设施 地下排洪河道
市政设施改造	必须使用地下	综合管廊
储藏	恒温性和密闭性	地下贮库

城市地下空间需求产生于多种城市功能与系统，不同用地功能或系统的需求目的不同，需求内容也不同。城市地下空间主要系统的需求目的与内容如下：

（1）居住用地地下空间

居住用地（R）地下空间开发利用需求主要为以下几方面：地下停车库；用于家庭储藏和放置设备、管线的居民楼地下室；用于餐饮、会所、物业管理、社区活动的公共地下建筑；防灾、仓储设施；地下管线、地下化的变电站、热交换站、燃气调压站、泵房、垃圾站等市政设施等。

居住区停车是居住区基本的设施功能要求。随着小汽车拥有率的升高，居住区有限的道路面积过多地被用于路面停车，居住区内的安全和环境问题日益突出。这种情况下，建设停车库不仅是满足停车功能的必然要求，也是改善居住区环境的有效手段。停车库的规模由车位数决定。

居住区的人防需求是出于国家政策法规要求的刚性建设内容，且人防建设标准对人均人防面积做出了规定。

居住区公共建筑和市政设施的地下化可根据小区建设需要，使地面保留更多绿地和开敞空间，保持居住区地面优良的环境。

（2）公共管理与公共服务设施及商业服务业设施用地地下空间

公共管理与公共服务设施用地（A）包括：行政办公（A1）、文化设施（A2）、教育科研（A3）、体育（A4）、医疗卫生（A5）、社会福利（A6）、文物古迹（A7）等多种功能类型的用地；商业服务业设施用地（B）包括：商业（B1）、商务（B2）、娱乐康体（B3）等功能类型的用地。这类用地地下空间开发内容很丰富。

公共管理与公共服务设施及商业服务业设施用地中，工作者和访问者的停车需求大，地面停车常常难以满足，往往需要修建立体停车场地。实际上，很多公共建筑都有停车配建指标，若地面用地紧张，建地下车库就成为最有效的方式。

商业、商务和娱乐康体等 B 类设施用地一般是城市地价相对较高的地段，汇聚了城市的人流和消费能力，合理地向地下拓展营业空间可有效提升用地的经济效益，因此，地下商业街、地下商场也成为国内外地下公共空间建设的主要内容。

教育科研类用地可将实验室、机房及图书资料存储库等设施设置于地下。

医疗卫生用地可结合地下急救医院建设将部分功能设置于地下。

文物古迹用地中，出于保护地面景观和历史建筑的原因，可考虑将扩建的建筑空间放到地下，例如，巴黎卢浮宫扩建工程、列阿莱广场等利用地下空间就具有保护地面景观的目的。

（3）交通系统地下空间

利用地下空间建设交通系统是城市交通发展的需要，可以有效地满足城市交通需求的增长，缓解城市道路交通拥挤问题，提高城市交通效率。通过综合规划建设，地下交通系统可以将部分地面交通量转移至地下，减少各类交通流的交叉与冲突；此外，从地下穿越山体和水体的隧道也可大大减少两地间的距离，节约时间和能源。地下交通系统的建设一方面可使城市交通本身更加顺畅、安全、舒适，另一方面也可减少地面交通对道路两侧城市用地的割裂，确保城市各项功能和活动正常运行。地下交通系统按功能划分，大致可分为地下步行交通系统、地下停车场、地下道路、地下轨道交通设施等建设内容。

（4）市政设施系统地下空间

城市市政基础设施包括给水、污水、雨水、电力、通信、燃气、热力等输配管线和场站。这些敷设在地下自成系统的各种城市市政基础设施管线纵横交错，保障着城市的正常运行。市政设施建于地下的目的体现在：适当地开发利用城市地下空间资源，节省空间资源和能源，增加城市道路、广场和绿地面积，为居民提供更多的活动空间，提高城市环境质量和抗灾能力。一些市政设施如污水处理厂、换热站等建于地下可以充分利用地下空间温度、湿度容易控制的特点，节省运行费用，提高效益。随着城市的发展，城市中原有架空敷设的电力和通信电缆改为地下埋设，可使城市面貌得到改观，增强城市的抗灾能力，也是国内外城市现代化的一种趋势和标志。有些城市为了充分利用城市土地，将城市排洪河道改为地下暗渠，上面修建城市道路以解决交通问题。

大部分城市功能既可以在地上建设，也可以在地下建设。在进行地下空间开发利用的需求分析时，应综合考虑经济、社会、科技的发展水平，考虑城市各系统的衔接，与城市地面用地功能相协调，着力通过地下空间的开发利用缓解城市发展中出现的矛盾和问题，提高城市整体的运行效率，改善居民的生活品质。例如，在交通矛盾突出的地区，地下空间开发利用应着力于解决交通问题，而应尽量避免因单纯地开发地下商业设施引致更多的交通问题。

地下空间的需求按照其功能的不同，可以划分为地下公共空间和地下非公共空间。地下公共空间主要包括交通、市政、商业、办公、文化和娱乐等多种类型的空间，影响其需求的因素也较多。地下非公共空间的用途通常较为单一，影响其需求的因素也相对较少。

不同的城市影响城市地下空间需求的要素有所差别，但空间区位、土地利用的性质、地面建设的强度、轨道交通的分布、人口密度、土地价格、地下空间利用现状以及工程地质条件等要素对城市地下空间的需求有着至关重要的影响，这些要素是影响城市地下空间需求的主要要素，也是地下空间需求分析的重点。

第8章　地下空间需求预测的指标体系
与预测方法

8.1　地下空间需求预测指标体系的构建原则

（1）综合性原则

指标体系的构建应综合考虑城市系统中的各要素，同时还要关注各种要素之间的相互关系。

（2）可行性原则

指标的选取既要简单又要高度概括，并且要具有可操作性，数据的获取应较容易实现。

（3）合理性原则

指标应力求实用，指标类别层次分明，相对稳定，同时根据地下空间需求的实际确定指标的刚性与弹性。

（4）超前性原则

指标选择时应考虑到未来城市发展过程中各要素的变化趋势。

8.2　地下空间需求预测指标体系构建

地下空间需求预测指标体系的构建应从城市系统的高度出发，在充分分析地下空间开发利用与城市发展的相互关系的基础上，从城市系统的众多要素中筛选出与地下空间开发利用相关联的要素作为指标。为了便于获取数据和开展分析，对这些指标，应根据其影响类别进行分类，将相关度较大的要素指标集合为一类，进而构建出多层次的需求预测指标体系。

地下空间需求预测的指标应对后期的规划设计和实施运营起到良好的指导作用，考虑地下空间开发利用的不可逆性，应在预测分析时充分考虑需求的刚性与弹性特征。因此在构建指标体系时，应根据项目的特点和地下空间利用的类型选择弹性适度的指标，使地下空间开发利用适应城市不断的发展变化。

总体规划层面的地下空间需求预测应着眼于城市地下空间发展的宏观分析，指标的选取应当以宏观指标为主，侧重于定性分析；详细规划层面的地下空间需求预测则应着眼于各类用地的城市功能的实现，指标的选取应当以微观指标为主，侧重于定量计算。

地下空间需求预测指标在选取时应考虑城市发展与地下空间开发利用的相关性。影响地下空间需求量的因素有内部因素和外部因素。同时，还应参照和适当借鉴同类城市地下空间开发利用的经验。因此地下空间需求预测的指标可归为内部指标、外部指标和参照指标三类（图 8.1）。

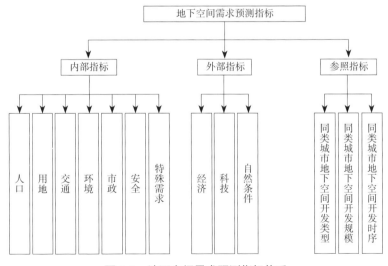

图 8.1　地下空间需求预测指标体系

图片来源：作者绘制

8.2.1　内部指标

内部指标又可称为动因类指标，主要包括城市在发展过程中会引发地下空间开发利用需求的指标，具体可概括为以下六个类别：

（1）人口和用地指标

人口数量是城市发展的一个重要指标。人口数量的快速增长，直接导致人口密度急速上升，城市空间过度拥挤，城市设施超负荷运转，城市中出现住房紧张、交通堵塞、资源短缺、就业岗位竞争激烈、教育与医疗保障压力过大等情况，严重影响城市人口的生活质量。截至 2014 年年底，我国超千万人口的城市已超过10 个，有 16 个城市平均人口密度超过 1000 人 / 平方公里。尽管人口密集是几乎所有城市共同的特征，因为聚集本来就是城市的根本特征，然而，在一定的发展水平限制下，城市所能聚集的人口并不是无限制的。当城市人口远远超出城市本来所能容纳的人口数量时，便容易引发各类城市问题。

我国城市土地利用的效率相对不高，经济发展导致城市发展用地不足，使得城市不断在水平方向向四周呈粗放式扩展。在平面扩展受到限制以后，城市很自然地开始向高空和地下发展。城市中心区的土地价格伴随各类城市要素的聚集不断上涨，受经济利益驱动，建设量不断增加，地面空间容量接近饱和，容积率过高，建筑密度过大，高层建筑过多，导致绿化率过低，自然光线减少。为了实现城市的可持续发展，改善城市居民的生活质量，增加城市生活的便利性，必须合理地提高城市空间的利用效率。适度开发城市地下空间，并控制地下空间与地上空间在适当的比例范围内，有可能在不增加或少增加城市用地的条件下使城市空间容量适当扩大，可实现城市总的人口密度提高的同时，降低空间上的拥挤度，从而实现既提高城市土地的利用效率，又改善居民的生活质量和生活便利性的目的。此外，城市开发强度的提高，也可能提供更多的就业岗位。因此，地下空间的开发利用不仅解决人口快速增长带来的用地紧张问题，还可以为更多的人提供就业机会，同时又可以改善城市环境，增加城市绿地面积。

城市中建设用地不同的功能类型极大地影响着地下空间的需求。按照《城市用地分类与规划建设用地标准》（GB 50137—2011），城市建设用地的类型可分为居住用地、公共管理与公共服务用地、商业服务业设施用地、工业用地、物流仓储用地、道路与交通设施用地、公用设施用地、绿地与广场用地等，其中每大类又可分为若干小类。现以列表的形式具体说明城市用地类型对地下空间的需求影响等级，见表8.1所列。

城市用地类型对地下空间需求的影响等级　　　　　　表8.1

用地的功能性质	用地的区位因素	地下空间开发的动力	适合开发的类型	开发需求等级
商业服务业用地	地价及租金、交通、人流密度	扩大城市容量缓解发展压力、交通立体化、土地价值最大化	集合地下商业、服务业、交通枢纽的地下综合体	一级
居住用地	房地产价格、交通、居住环境	停车地下化、公共设施地下化、人防工程	地下停车场、地下配套设施、人防工程	一级
道路广场用地	交通、人流密度	停车地下化、公共设施地下化、改善地面环境	交通功能为主，兼顾市政、商业、服务业等功能的地下公共设施	一级
公共管理与公共服务用地	交通、接近服务对象	停车地下化、提高防护	地下停车、物业管理与服务	二级
公共绿地	环境需求、政府规划	创建良好的城市空间环境，提高生活品质	公共活动半地下开敞空间	二级
交通用地	市民需求、政府规划	节约地面空间、改善环境	轨道交通、市政综合管廊	二级
物流仓储用地	租金、用地要求	节约城市空间资源	地下仓库、地下物流系统	三级
市政设施用地	城市需求、用地要求、政府决策	市政设施更新改造	地下市政设施、综合管廊	三级
工业用地	租金、交通、土地适应性、劳动力、市场、环境保护	节约土地资源、减少工业污染	地下仓库、需要地下环境的特殊工业车间	四级
农业用地及水域	地价	缺乏开发动力	除必要的线状市政及交通设施外，其余不适合开发	五级

　　从城市发展的经验来看，城市空间的利用强度与城市区位有较大关系。城市在开发过程中一般遵循高斯分布，这是一种在数学和物理学中常见的概率分布图，如图8.2所示，又被称为正态分布。

　　城市区位越趋向城市中心，其建设强度越高，建筑密度和容积率也就越高。城市地下空间的开发量也是和建筑容积率有着密切的关联的。其中，地下停车设施的开发量是关联度最高的。

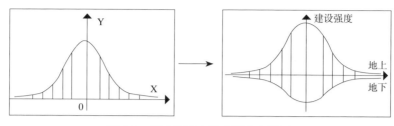

图 8.2 城市开发中的高斯分布模型

图片来源:《天府新区地下空间需求预测与开发控制研究》(侯敏,硕士学位论文,成都理工大学,2013)

此外,也有一些城市区域的地面建设强度很小,甚至可能为零,这些区域就是城市的公共开放空间,包括道路、广场和公共绿地等。这些城市区域有时会按照"倒穹顶(Inverted Dome)"分布模型的城市开发模式来建设,其基本含义如图 8.3 所示。

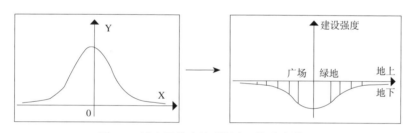

图 8.3 城市开发中的"倒穹顶"分布模型

图片来源:《天府新区地下空间需求预测与开发控制研究》(侯敏,硕士学位论文,成都理工大学,2013)

城市人口和用地方面影响地下空间开发利用需求的因素包括人口数量、人口密度、用地性质、空间区位和建设强度等方面,指标的选择也应涵盖这些方面。

(2)交通指标

城市人口数量的快速增长使得人口流动的强度也急速上升,生活工作的交通出行量也越来越大。普遍而言,城市汽车保有量是与城市人口数量有密切联系的。随着汽车保有量的不断增长,交通拥堵几乎成了所有现代城市共有的问题。汽车除要求道路网络供其行驶外,还要有供其停放的空间。汽车的大量出现使很多城市都出现了大街小巷停满汽车的景象。车辆在地面停放占用了大量宝贵的城市空间,挤占城市居民的活动空间;交通堵塞使人们消耗在路上的时间不断增加,降低了整个城市的运行效率，严重影响了城市的发展。交通问题已经成为现代城市发展中最突出、最紧迫，同时也是最棘手的问题。

单纯靠在地面上增加路网、拓宽街道和修建停车设施已不可能解决大面积、长时间的交通拥堵和停车空间不足的问题。通过修建地下铁道、地下公路、地下步行道和地下停车设施，实现各类交通的有效分流，扩充车辆停放空间，是缓解地面交通矛盾、疏导过大的车流量和人流量的有效途径之一。

轨道交通是城市地下空间的骨干网，是地下公共空间的发展轴线。轨道线网可以串联众多的站点和周边的地下商业空间形成地下综合体。

轨道交通本身就是地下空间的直接需求者，它的建设带动了城市空间的集约型发展，加快了城市更新的速度。众多国内外城市轨道交通建设的实践表明，轨道站点对周围1000米范围内的地价有明显的抬高的作用，而这又反过来触发了轨道站点周围地下空间的开发需求。一些轨道交通站点的核心地带自发地实现了城市空间的高强度综合利用，并形成集公共交通枢纽、住宅、商业和文娱设施于一体的繁华街区。

交通方面影响地下空间开发利用需求的因素主要是城市的各类交通方式及相应的交通量，不同的交通方式和交通量利用地下空间的方式和规模有所不同。

（3）环境类指标

城市作为人类活动的中心，消耗着来自远近不同渠道的自然资源。城市由于人类活动而产生大量废物，并在城市内部或外部加以处理。在这一过程中，环境问题便在城市这个巨大的空间范围内产生。主要的环境问题可分为环境污染和环境破坏两大类。其中环境污染主要包括大气污染、水污染、固体废弃物污染和噪声污染。交通量的增加和拥堵的出现直接导致汽车尾气排放和交通噪声增加，是大气污染和噪声污染的主要来源之一。环境破坏主要是指城市中心区内建筑密度增大，高层建筑林立，呈现出高强度的空间利用形态，导致地面的自然光和绿地大面积减少，地面硬化面积加大，原有的生态环境遭到破坏。

通过地下空间的利用扩充交通空间是缓解交通拥堵，进而减少污染排放的有效手段之一；通过地下空间的利用降低地面的建筑密度和容积率，增大开敞空间、绿地和水面的面积，降低工程建设对城市生态环境的影响，也是实现现代城市"低影响开发"的途径之一。

生态环境方面对地下空间开发利用的需求主要是通过城市绿地和水面比例、噪声和大气污染的控制程度等因素来体现。

（4）市政类指标

城市市政设施系统是城市的血脉，担负着能源、信息、自来水、雨污水、垃圾等输送或排放的任务，是城市基础设施的重要组成部分。市政设施包括供水、雨水、污水、燃气、热力、供电、通信、环卫等多个种类，场站和管线分布量大面广。大部分已有的给水排水、燃气、热力等管线和一部分电力、通信线路都建在地下；大部分市政场站目前还以地面建设为主。随着城市建设的发展和人口的集聚，城市对电力、通信、给水排水、燃气等需求不断扩大，原有市政管线超负荷运行使得设施事故频繁发生，维修时反复填挖道路不仅破坏道路结构，也给城市交通造成了极大障碍。部分地上的电力、通信等线路日益增多影响城市景观，很多城市逐步将其改为地埋方式敷设。地下管线的管径不断增大，种类和数量逐渐增多，道路浅层地下空间出现拥挤的现象，导致管线扩容的难度越来越大，管线间相互干扰的问题也日益突出，严重阻碍了城市基础设施建设的步伐，不能满足城市发展的需要。

市政管线多分散直埋，占用价值最高的浅层地下空间；市政场站多建在地面，占用土地，有的对环境造成二次污染，有的还对城市安全构成隐患。市政管线和场站设施的无序建设导致在重灾和突发事故发生时设施很容易被破坏且难以控制，修复也需要较长时间，影响城市交通和居民生活，甚至威胁城市和居民的安全。例如多个城市发生过因供水和热力管线跑冒滴漏导致地面塌陷而造成人员伤亡的惨剧。这些问题的解决有赖于地下空间的开发利用，提高城市市政设施建设的综合化、集约化水平已成为当务之急，城市发展对市政场站地下化和地下综合管廊的建设提出了迫切的需求。

市政方面对地下空间开发利用产生的需求主要有以下两个方面：一是地面管线及场站地下化的需求，二是为集约地下空间利用、提高市政设施安全性而建设地下综合管廊的需求。影响这些需求的因素主要有市政设施（包括场站及管线）的种类、数量、分布、入地适宜性及进入综合管廊的安全性等。

（5）安全类指标

城市防灾系统是城市的安全屏障，地下空间的高防护性使其在战争、地震、台风等灾害发生时具有优于地面空间的安全性，因而地下防灾设施成为城市防灾系统不可或缺的组成部分。人防工程、兼顾人防的地下空间和普通的地下空间共同构成地下防灾空间的三大部分。

人防工程建设对我国地下空间开发利用的发展具有特殊意义。1949 年新中国成立后很长一段时间内，人防工程建设都是我国地下空间开发利用的主导，满足城市人民防空的需要一直是地下空间开发利用的主要目的。我国第一条地铁线路——北京地铁 1 号线建设时对人防战备需求的考虑甚至超过了对交通需求的考虑。人防工程是地下防灾体系的核心，具有相对完整的系统，包括人员掩蔽、指挥、医疗救护和专业队工程等，在灾时可迅速转换并联动配合。人防空间的防灾能力强，可靠度较高，目前人防工程在建设数量和质量上的要求也在随城市发展和安全保障水平的提高而不断提高，其建设需求仍然是我国城市开发地下空间的一个主要需求。

除人防工程外，兼顾人防功能的地下空间和普通地下空间也是城市防灾系统的有益补充。这部分空间在地面城市功能遭到严重破坏后能够保存部分城市功能和灾后恢复的潜力，作为避难和救灾组织空间，以便及时展开地面上的救灾活动和灾后恢复活动。

城市安全还体现在能源和物资的储备方面。地下空间封闭、隐蔽、热稳定等特性对建立能源和物资储备系统最为有利。地下的能源和物资储备系统不仅可用于战争和灾害发生时的供应，也可用于平时的周转。

城市安全方面对地下空间需求的因素主要是以人防为主的综合防灾需求。

（6）特殊设施类指标

地下空间恒温、恒湿、隔震、隔声和电磁屏蔽等特点，可满足一些对环境温度、湿度、清洁度、防微振、防电磁屏蔽等环境要求较高的行业，如无线电技术生产测试、精密仪器等生产和科研单位的环境要求，对有这一类产业的城市，应将这些需求考虑进地下空间开发利用的总量中。

此外，深层地下空间大容量、热稳定性及承受高温、高压和低温的能力还可为特殊能源的存储和转换提供空间，也可为对城市安全构成威胁的危险品如核废料、剧毒品、易燃易爆品等提供存放与处理的场所。对有这一类需求的城市，也应将其考虑进地下空间开发利用的总量中。

这一类的地下空间需求根据城市的具体情况而定。

8.2.2 外部指标

当一个城市已经存在开发利用地下空间的客观需求时，还需要具备一定的外部条件，才可以合理地开发利用地下空间资源。这些外部条件包括城市经济发展水平，地理位置、工程地质和灾害等自然条件，科学技术水平和管理水平等方面。在地下空间需求预测中考虑这些因素的指标为外部指标，也可称为条件类指标。

（1）经济指标

由于涉及勘探、开挖、支护等复杂工艺，地下工程的造价相比地面建筑要高得多，一般为地面建筑的 2 ~ 3 倍。因此，要实现对地下空间的大规模开发，必须具备相当的经济实力。从近现代国内外城市地下空间利用的发展历程看，地下空间开发的时机和规模与国家和城市的经济发展水平有直接的关系。根据世界工业发达国家城市地下空间开发利用与人均 GDP 的统计分析，人均 GDP 超过 500美元后，城市基本具备了开发利用地下空间的条件和实力；人均 GDP 超过 1000美元后，城市对开发地下空间开始有需求，并有条件进行小规模的重点开发；当该城市或地区的人均 GDP 超过 3000 美元后，则具备了适度规模开发地下空间的能力。日本在 1966 年全国人均 GDP 达到 1000 美元，其大城市地下空间开发利用开始以较大规模和较快速度发展；经过二三十年的努力，取得了较好的效果，达到世界先进水平。中国到 2003 年全国人均 GDP 开始超过 1000 美元，一些大城市显现出较强烈的地下空间利用需求，有的已经进行了一定规模的开发。因此，城市的经济发展水平是衡量其开发地下空间能力的重要标准之一。

从另一方面看，城市地价的高低也是影响地下空间开发的重要因素。城市土地的价格是用地性质、区位条件、交通、基础设施等诸多因素的综合反映的结果。一般来说，限制城市地下空间开发利用的根本原因在于开发利用的成本过高。所以说，单单就城市经济因素方向考虑问题，那么只有能负担得起地下空间开发的高成本的区域才能对地下空间进行开发利用。租金地价越高的地块地下空间的需求也就越大，同样这些地块也能承担得起地下空间开发利用的高额成本，就越可以充分发挥地下空间的经济效益，使得单位用地面积产生的经济效益越高。

（2）自然条件指标

自然条件包括地质条件、水文条件、气候条件等，是制约地下空间开发水平的极为重要的因素。地质条件和水文条件不仅直接决定着地下空间是否能够开发，以及可开发到什么程度，而且还通过开发成本及对开发的施工技术的要求间接地限制地下空间开发的类型和规模。另一方面，如果城市处于不良的气候条件下，如严寒、酷暑、风沙、多雨雪等，开发利用地下空间可使相当大部分城市活动摆脱不良气候的影响，以改善城市生活的舒适度。例如加拿大地处高纬度高寒地区的蒙特利尔大规模开发地下街的动力之一就是避开地面上的寒冷气候，提高居民外出活动的舒适性。

自然条件对地下空间开发利用需求的影响体现在两大方面，一是工程难度的影响，涵盖地形地貌、工程地质、水文地质及各类自然灾害等的影响，这一类因素直接影响地下空间的开发建设及运营维护成本，成本过高可能会抑制地下空间的开发需求；二是气候条件的影响，处于不良气候条件下的城市往往会因躲避不良气候而产生利用地下空间的需求。

（3）科技指标

地下空间开发的施工技术要求高，难度大，一旦发生问题不仅很难恢复，会造成巨大的经济损失，还会对周围的地上、地下环境和建筑物产生巨大的影响。因此为了确保地下空间开发利用的安全，只有科技的发展才能解决工程建设中遇到的问题，地下空间的开发才具有可行性，否则也会抑制地下空间的利用需求。这一方面要看国内当时的科技成果和工程建设经验的积累，另一方面还有对国外的先进技术的引进程度。

8.2.3 经验指标

预测本身具有很大的不确定性，因此为了提高预测的科学性和可操作性，除了分析城市发展过程中产生的对地下空间需求的各种内、外部条件以外，还应根据城市或区域的特点，参考国内外经济条件和自然条件类似、规模相当的城市开发利用地下空间的经验。经验指标即是对相似城市发展历史及地下空间开发利用经验总结而形成的指标。

经验指标的选取应基于对国内外城市地下空间利用的广泛调研，收集的数据包括城市规模、自然和经济社会条件、城市发展历史、城市性质与职能等，参照指标包括地下空间利用形式、开发模式、开发时序、开发量和运营管理模式等。

需求预测指标体系在构建时，应体现内部和外部的影响因素，以及借鉴同类城市的发展经验，根据具体项目的特点有所侧重地选取评价预测指标。

8.2.4 指标特征分析

不同类型的地下空间开发的需求存在确定性与不确定性，部分可利用地下空间开发建设的城市系统也有强制和非强制的区别，因此地下空间需求指标体系也应体现刚性和弹性的区别，以适应城市建设的实际需要。

（1）开发目的与需求的确定性与不确定性

在城市系统中，无论城市类型、发展背景如何，居住区地下空间、城市基础设施各系统、防空防灾系统这些系统开发地下空间的目的是确定的，对地下空间的需求也是确定的。具体来说，居住区的停车需求是必须满足的，在路面停车位不足的情况下必然要考虑建设地下车库；城市的水、电、气、热等基础设施各系统建设也是城市发展必需的，其中一部分设施必须使用地下空间；防空防灾系统在我国是强制性的要求，也必须使用地下空间。

公共管理与公共服务设施地下空间、商业服务业设施用地地下空间、广场与绿地地下空间、工业及仓储区地下空间以及地下战略储备等地下空间的开发目的与需求是不确定的，因城市类型、发展目标、发展背景而异。这些用地地下空间的建设目的是用于拓展商业、文体、办公等空间，如果城市经济水平较高，文化习惯上也比较接受地下空间，则对这类系统的地下空间需求就比较大。工业及仓储区地下空间、地下战略储备需求也不确定，在工业城市的需求可能比一般城市要大。

（2）城市系统需求的强制性与非强制性

防空防灾系统建设在我国是强制性规定，该系统需求是强制性的，同时也是确定性的；城市基础设施各系统必须在地下建设的部分也可视作强制性需求；其他各城市系统对地下空间的需求则是非强制性的。

（3）指标的刚性与弹性

地下空间需求预测的指标有刚性与弹性之分，是由指标的影响机理决定的。例如居住区的需求指标是基于新建建筑量或新增人口，在这两个指标确定之后，人均地下空间需求量基本可以确定，其合理浮动区间范围较小，可视作刚性指标；城市防空防灾地下空间的建设量通常也是依据城市人口数量而定，也可视作刚性指标。与此相对，公共管理与公共服务设施和商业服务业设施用地地下空间开发强度的合理区间范围很大，地下空间的利用并非强制性要求，故其开发强度指标的指导性大于限制性，属于弹性指标。在进行地下空间需求预测时，对刚性指标应给出较为确定的预测量，对弹性指标可给出合理的预测量区间值。

8.3　地下空间需求预测方法

地下空间的需求功能类型和需求量的预测是城市地下空间规划工作中的一个关键环节。城市是一个大而复杂的系统，而地下空间是城市系统中的一个组成部分，地下空间需求预测应站在整个城市发展的视角给出科学的解决方案。

不同的城市，其城市职能、发展模式和规模不同，地下空间的需求类型和需求量有很大差异，针对不同的规划范围与设计层次，可获取的数据精度也有差异，适用的需求预测的方法也不尽相同。归纳起来，目前主要的预测方法有以下几种。

8.3.1　功能需求预测法

城市地下空间依据其使用用途，可以按照功能类型进行分类。功能需求预测法就是依据地下空间的功能来预测分析整个城市对地下空间的需求量。

主要的步骤是：首先，按照地下空间的主要功能把地下空间划分为若干大类；其次，在大类的基础之上再进行功能的细分和细化；最后，依据不同的地下空间功能分区的需求原则，分门别类进行需求量的预测，汇总计算进而得到城市对地下空间的需求总量。其具体分析方法和技术路线如图8.4所示。

规模预测步骤

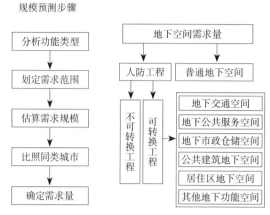

图 8.4 地下空间功能需求预测法流程

图片来源:《城市地下空间总体规划》(陈志龙,刘宏,2011)

• 案例

　　济南市地下空间规划在进行需求预测时首先将地下空间需求量比较大的主体内容分为七个大类,即居住区、城市公共设施、城市广场和绿地、工业及仓储物流区、城市基础设施各系统、防空防灾系统、地下贮库系统,然后根据各项不同的特点,选取适当的系数和指标,再按历年的平均发展速度推算出规划期内的发展量,最后综合成地下空间的需求量,见表 8.2 所列。

济南市地下空间需求统计表　　　　　　表 8.2

序号	项目	地下空间需求量	单位	备注
1	居住区	1149 ~ 1503	万平方米	规划,不含现状
2	城市公共设施	768	万平方米	含现状
3	城市广场	120	万平方米	含现状
4	大型绿地	687	万平方米	含现状
5	工业区	121	万平方米	含现状
6	仓储物流区	91	万平方米	含现状
7	轨道交通地下段	376	万平方米	规划 6 条线; 不含现状

续表

序号	项目	地下空间需求量	单位	备注
8	地下公共停车	336	万平方米	含现状
9	人防	938	万平方米	含现状； 不单独计入预测总规模
10	各类地下贮库	100	万平方米	含现状
	总计	3748 ～ 4102	万平方米	

8.3.2　建设强度预测法

在城市的规划区域内部，因为各个分区功能的不同，地面规划的建设强度也不同。建设强度需求预测法是依据地面规划的建设强度，通过分析计算得到地下空间的需求量。这种城市地下空间需求量的预测方法遵循着"总体规划和地面建设强度制约着地下空间的开发和利用的规模和强度"这样一个原则。其分析方法和技术路线如图 8.5 所示。

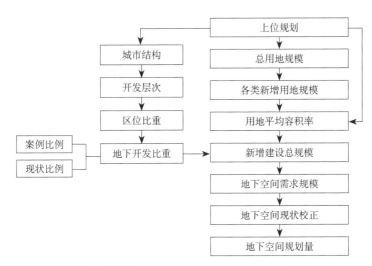

图 8.5　地下空间建设强度预测法流程

图片来源：《城市地下空间总体规划》（陈志龙，刘宏，2011）

现代城市发展理论普遍认为，城市发展的本质是聚集而不是扩散。城市的聚集程度一定程度上反映了城市的发展水平，聚集程度越高则城市运行的效率越高，城市空间容纳的效率也越高。城市聚集程度的提高也导致城市的中心区域越来越拥挤，交通拥堵日益严重，城市环境也进一步恶化。向城市地下寻求空间是改善这些问题的途径之一。因此，地下空间的需求在某种意义上是随着地面建设强度的增加而增加的。地面开发强度越高，对地下空间的需求就越强烈。

该方法参考城市上位规划，将规划中的用地功能、地面建筑容积率、建筑密度等主要的规划指标当作影响城市地下空间开发利用的重要因素来看待；经过分析计算后，确定各个层次范围内需要新增的地下空间需求量。这种方法适用于详细规划层面的地下空间规划，或完成较大面积详细规划的城市进行地下空间总体规划时使用。

• 案例

济南市地下空间规划对居住区地下空间采用了建设强度预测法。居住区地下空间的用途以停车、防灾、仓储、市政及公共服务为主，考虑地上建筑与地下建筑的配套需要，确定每100万平方米新建居住建筑需地下防灾空间3.96万平方米，地下停车空间14万平方米，公共建筑地下空间3万平方米，总计地下空间需求量20.96万平方米，即相当于地面住房建筑规模的20.96%。

根据《济南市统计年鉴2009》数据，从2004年到2009年，济南城市住宅竣工面积为4937万平方米，2004年到2007年竣工面积处于增长趋势，2007年之后有所下降，2009年全市竣工住宅面积758万平方米，其中市区586万平方米，按2009年标准推算，从2011年到2020年住房建设规模应为5860万平方米。

因此，居住区地下建筑建设规模应为：5860万平方米 × 0.2096 = 1228万平方米。

8.3.3 人均需求预测法

人均需求预测法，顾名思义，主要是根据城市规划范围内，未来规划期限内城市的人口数量预测计算。另外根据城市具体情况确定人均需求地下空间的标准。

人均需求预测法一般是从两个指标开始进行分析预测，一个是地下空间开发

的人均指标，另外一个是人均规划用地指标。按照城市规划的人均指标预测，将
人均的用地标准细分为几个方面，如：人均居住用地、人均公共设施用地、人均
绿地面积和人均道路广场用地等等，在此基础上相加得到人均生活居住用地面积。
依据城市的总体规划分析计算出人均用地的规模，结合规划人口规模，计算得到
城市地下空间需求的总量。表 8.3 是部分城市由人均需求预测法估算的地下空间
需求量预测。

部分城市地下空间人均需求指标   表 8.3

指标 \ 城市	南京（2010 年）	重庆（2020 年）	成都（2020 年）
地下空间开发规模（万平方米）	368	1370	1330
规划人口（万人）	210	850	620
人均需求指标（平方米 / 人）	1.75	1.61	2.15

• 案例

济南市地下空间规划在进行需求预测时应用了人均需求预测法。在预测时，取人
均居住面积为 30 平方米，经过测算，地下空间建设比例取人均居住面积的 20.96%。
统计资料表明，2009 年末济南全市户籍人口 603.27 万人，市区人口约 348.24 万人。
根据控制性详细规划各片区的人口总和，2020 年，规划区人口规模为 603.9 万人，
则从 2011 年到 2020 年，城镇人口增量为 603.9–348.24=255.66 万人。根据人口增
长量，济南城市居住区地下建筑建设规模应为：255.66×30×0.2096=1608 万平方米。

8.3.4　综合需求预测法

综合需求预测法主要是从区位性需求和设施性需求两方面综合计算得出城市
地下空间需求规模。

区位性需求是在城市规划中将用地按功能分区后分别对各片区的地下空间利
用需求进行分析预测，如城市的中心区域、居住区域、城市更新区域、广场绿地
区域、历史文化建设区域、工厂工业区域和仓储区域。系统性需求是指包含各种

城市系统的子系统，主要是基础设施和公共设施，包括地下动静态的交通体系、市政公共设施体系、防灾减灾体系和物资能源储备体系等。

综合预测法是指将分系统和分区位预测结合起来，并且考虑地下空间需求量的时效性，预测城市地下空间在不同时期各个区位、各个系统需求量的方法，综合预测法的预测方法和技术路线如图 8.6 所示。

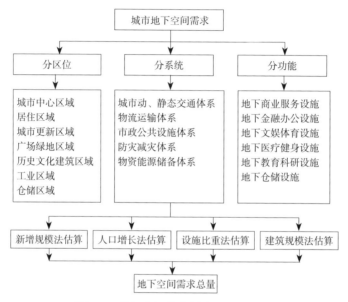

图 8.6　地下空间综合需求预测法流程

图片来源：《天府新区地下空间需求预测与开发控制研究》（侯敏，硕士学位论文，成都理工大学，2013）

综合预测法将地下空间分别按照分区位和分系统两种方式划分，确定各区位的区域系统性强度和各系统的功能系统性强度,以此来判断哪种特性对各区位（或系统）地下空间需求量起主导作用：若某区位的区域系统性较强，可认为区域特性对其地下空间需求量起主导作用；若某系统的功能系统性较强，可认为功能特性对其地下空间需求量起主导作用。对于区域特性对其需求量起主导作用的地下空间，如城市中心区地下空间，应依据分区位预测的方法进行预测；对于功能特性对其需求量起主导性作用的地下空间，如地下交通设施、市政公共设施等，应依据分系统预测的方法进行预测。用两种方法进行预测时，应考虑区域特性与功

能特性之间的相互影响以及预测的时
效性（各个时期地下空间的需求量不
同）。得到两种方法的预测结果后，再
根据地下空间的规划指标对其进行校
核，使其满足城市空间、环境和功能
等要素发展的要求。综合预测法的总
体思路如图 8.7 所示。

• 案例

厦门市地下空间规划在进行需求
预测时采用了综合需求预测法，具体
预测过程参见本书第三部分。

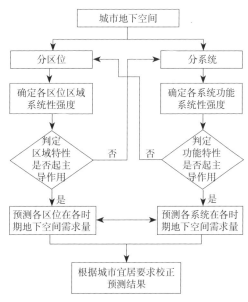

图 8.7　地下空间综合需求预测法思路

图片来源：作者绘制

8.3.5　综合要素预测法

综合要素预测法是在对地下空间需求影响因素进行多层次分析的基础上，以
城市内的需求分区为计算单位，结合相关城市地下空间建设的经验，依据每个需
求分区的区位、土地性质进行需求分级，根据城市规划对每个级别对应的需求强
度进行专家经验赋值，再根据每个需求分区的地面建设强度、重点开发片区、轨
道交通状况、人口密度、土地价格等因素对地下需求强度等级进行级别校正。在
确定需求强度等级之后，再根据每个需求分区内需求级别的面积和地下空间需求
强度计算出每个需求分区的地下空间需求量，将每个需求分区的需求量叠加起来
就得到城市地下空间理论需求总量。最后根据城市地下空间利用现状进行校正，
用所得到的理论需求总量减去地下空间的利用现状量，得到城市地下空间的实际
需求量。综合要素预测法分析城市地下空间需求量的总体思路如图 8.8 所示。

• 案例

昆明市地下空间规划在进行需求预测时采用了综合要素预测法，具体预测过
程参见本书第三部分。

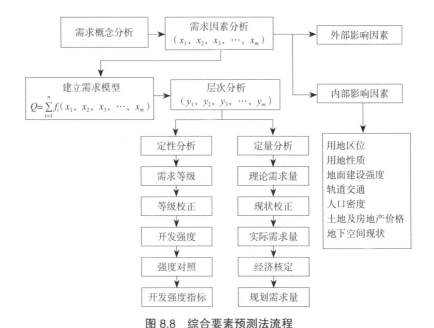

图 8.8 综合要素预测法流程

图片来源:《城市地下空间总体规划》(陈志龙,刘宏,2011)

8.3.6 小结

地下空间的开发利用在我国目前尚处于较初级的阶段,各种规范与量化标准尚未完善;各地的经济发展水平与自然条件差异也较大,因此,很难采用统一的规模预测方法。根据不同的规划层次及基础数据获取精度,可综合应用上述方法互相校核,将预测结果控制在合理的数值区间。

以上的预测理论方法本质上是基于城市建设动态平衡的要求。按照地上、地下整体协调发展建设立体城市的理念,强调地下空间开发是地面建设的合理衍生。根据城市用地分类,细分各种用地衍生的地下空间功能,结合相关的规范和规划的意图分别测算各类用地合理的地下开发量。

除采用理论方法预测,还可采用经验值预测法,通过对类似城市类似地区的已建成或已规划地下空间的规模比例统计,得出经验预测值,作为规划设计的参考。

第三部分

地下空间资源调查评估与需求预测案例

第9章　厦门市地下空间资源调查评估 与需求预测 ①

9.1　地下空间资源评估方法与技术选择

厦门市地下空间资源调查评估以资源特征的掌握作为调查和评价目标，区别于单纯的工程条件适宜性评价，是城市宏观尺度的区域性调查评估，不针对局部地区具体工程项目的尺度。

评估的数据选择以便于动态更新和适应宏观区域性深度的原则，采用遥感和地理信息系统（GIS）等信息化技术和平台，评估方法适合自然资源调查评估的要素分析与逐项排除法、多因素综合评判法、地块单元及栅格叠加法等综合技术和方法。

9.1.1　地下空间资源调查模型

采用影响要素逐项排除法，设 V_n 为规划区地下空间天然总蕴藏体积，V 为潜在可开发的地下空间资源，V_i（$i=1$，2，$\cdots$，6）分别为严重不良地质构造、严重灾害性地质、水资源状况、地面保护保留建筑、已开发地下空间和地下埋藏物制约空间体积，则根据叠加原理有（式9-1）：

$$V = V_n - \sum_{i=1}^{6} V_i \qquad (9\text{-}1)$$

9.1.2　地下空间资源质量评估模型

地下空间资源质量评估采用多因素综合评判法，通过对自然条件和社会经济

---

① 本章图片由清华大学土木工程系提供。

条件要素的分析，判定地下空间资源工程适宜性和潜在开发价值，再将二者综合起来评定地下空间资源质量。

（1）地下空间资源工程适宜性评估模型

地下空间资源工程适宜性评估模型的表达式（式9-2）为：

$$I_1 = \sum_{i=1}^{n} a_i w_i \qquad\qquad （9\text{-}2）$$

I_1 为资源工程适宜性的评估值，a_i 为包含工程地质条件、地下水类型及埋深、地下水含量、地下水水质等自然地质条件和已有建设情况评估因子的取值，w_i 为各评估因子的权重取值。

（2）地下空间资源潜在开发价值评估模型

地下空间资源潜在开发价值评估模型的表达式（式9-3）为：

$$I_2 = \sum_{i=1}^{n} b_i w_i \qquad\qquad （9\text{-}2）$$

I_2 为资源潜在开发价值的评估值，b_i 为区位、用地功能、地价等评估因子取值，w_i 为各评估因子的权重取值。价值评估仅考虑城市平面二维尺度，不对深度进行划分。

（3）地下空间资源综合质量评估模型

地下空间资源综合质量评估采用层次分析法的多因素权重指标函数法，以上评估模型各因子权重通过专家打分法确定。评估模型的表达式（式9-4）为：

$$M = w_1 I_1 + w_2 I_2 \qquad\qquad （9\text{-}4）$$

M 为资源质量的综合评估值，I_1 为资源工程适宜性评价因子，I_2 为资源潜在开发价值评估因子，w_i 为各评估因子的权重取值。

9.1.3　评估单元的划分

厦门市地下空间资源评估是基于总体规划层面的评估，因此评估单元以城市总体规划的用地地块为基准划分。

9.2　地质自然条件对地下空间资源影响评价

9.2.1　地下空间资源的总体物质环境

地形和地层构造特征是地下空间资源依存的基本空间轮廓和物质环境基础。厦门城市工程地质条件复杂,地质分区类型丰富,交错分布,岩石和土层共存,地层环境差异性和变化幅度较大,总体地质条件丰富多变,适宜和基本适宜地下空间开发利用(图 9.1)。

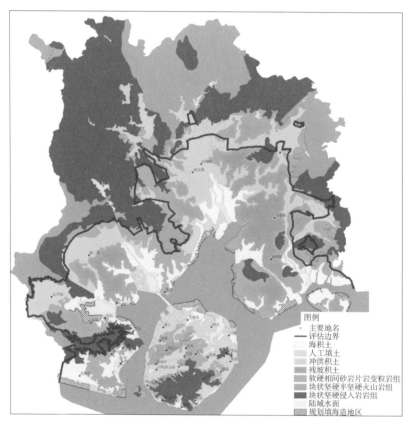

图 9.1　厦门城市工程地质分区图

(1)厦门市土层厚度、岩性和工程性质变化差异性较大,主要分布在河流和海湾地区,大部分地区土层厚度在 15 ~ 30 米之间,山区一般土层厚度小于 5 米,山区向台地和平原的过渡区一般土层厚度为 5 ~ 15 米，局部零星地段土层厚度在 30 ~ 50 米，最大达到 80 ~ 90 米。规划评估区内土层覆盖区占 84%，占评估范围地下空间资源天然蕴藏总体积的三分之二。

（2）岩石层大部分被覆盖，约占评估面积的 84%，裸露部分约占评估面积的 16%，岩石完整性较好、总体风化程度较弱（局部强风化到弱风化不等），-30 米以上的岩石体积约占评估区地下空间资源天然蕴藏总体积的三分之一。大面积大厚度优质岩石基底的存在，为在山体和大深度岩层中开发地下空间提供了有利条件。

9.2.2　地形地貌与地下空间资源利用

规划评估区以平原、台地、丘陵和山体共存的海岛和海湾地形为特征，总体地势从西北向东南倾斜，西北、东南部是山体，中部是冲洪积平原（图 9.2）。厦门岛以筼筜湖和钟宅湾为界形成南高北低地貌，南部山体地势陡峭，北部丘陵脊园坡缓，山前台地、阶地、小型冲沟发育。地形地貌利用与地下空间利用的关系和原则是：

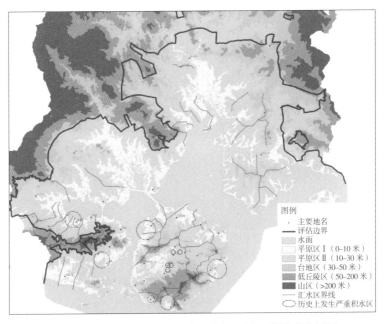

图 9.2　厦门市地形地势与地下空间资源开发影响分析图

（1）应充分利用地形坡度变化的有利条件，因地制宜开发多种形式的浅层地下空间，保护自然地形地貌和轮廓：

①在海拔小于20米的平原地区和海拔在20～50米的平缓台地区，地下空间主要采用垂直下挖形式，与地面空间采用垂直交通方式；

②在坡度为10%～30%左右的台地和丘陵地形区，可利用坡地高差，开发水平进入式、靠坡式地下空间，以利于地下空间与地面空间的水平交通联系和采光通风，保护自然地貌轮廓；

③在坡度较大的山岭丘陵岩石地形区，可采用矿道掘进式地下空间，形成水平进入的岩石洞室结构，可用于交通隧道、停车、仓储或个别公共建筑使用，强调对自然地貌轮廓和地表生态系统的保护。

（2）重要或大规模地下空间工程的口部不宜选址在低洼汇水区。山谷及坡度缓、地势低洼、容易产生临时积水的地区的地下空间规划需慎重选址并采取防倒灌工程技术措施，合理进行地下空间出入口设计，与城市防洪涝灾害规划相协调。

9.2.3 水文地质条件与地下空间资源利用

（1）厦门市地下水条件较为复杂，有松散岩类孔隙水、风化带网状孔裂隙水和基岩裂隙水三类，主要接受大气降水入渗补给，总体水资源量贫乏。浅层地下空间贫水区约占评估区面积的76%，次浅层地下空间贫水区约占评估区面积的71%，除同安市区北部河流两侧为地下水丰富区外，大部分冲洪积层风化残积地区为地下水贫乏区（图9.3）。

（2）评估区内地下水位普遍较高，对地下工程影响较明显，应强化地下工程防水方面的措施。大部分地区地下水埋深在0.5～5米，残积台地部分地区地下水埋深超过5米，最大埋深不超过10米（图9.3）。地下空间开发利用，尤其是单建式的地下空间，必须重视建筑物的抗浮性。

（3）评估区内海水入侵范围较大，主要分布在筼筜湖、钟宅湾及其他沿海和河流入海口区域，占地面积约为170平方千米，占评估区面积的23%，富水程度较低，但水质矿化度高、水位高，地下空间开发需采取相应工程措施（图9.4）。

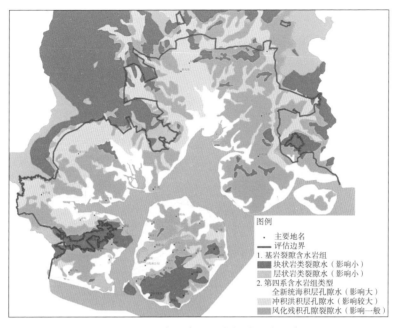

图 9.3　厦门市地下水含水岩组类型分布与地下空间资源影响评价图

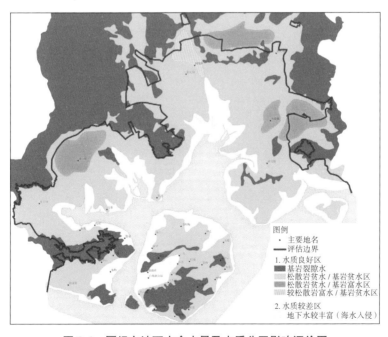

图 9.4　厦门市地下水含水量及水质分区影响评价图

（4）在水源地应限制与水源保护和水源生产无关的地下空间开发。

9.2.4 不良地质条件与地下空间资源利用

1. 断裂构造

厦门地区的地质基本构造为断裂构造，发育有北东向、北东东向、北西向及东西向等多组断裂（图9.5，表9.1）：

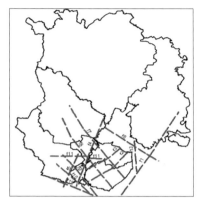

图 9.5　厦门岛周围地区活动断裂示意图

厦门市第四纪活动断层特征简表　　　　表 9.1

断层编号	断层名称	活动年代	活动方式	活动特点
f1	厦门水道断裂	Q₃	右旋走滑	控制厦门与小金门岛差异升降活动，即现今小震活动
f2	龙山—文灶断层	Q₃	正断层	为员当港地堑东南侧边界断层，控制地堑 Q₃—Q₄ 海陆交互相地层沉积，Q₃ 时期相对下降平均速率 0.6 毫米/年
f3	官浔—乌石埔断层	Q₃	正断层	为员当港地堑西侧边界断层，控制地堑 Q₃—Q₄ 沉积相对下降速率 0.9 毫米/年
f4	厦门西港断裂	Q₁~Q₂	左旋走滑	控制厦门岛西侧边界断层和西港发育，第四纪早期有一定活动
f5	鳌冠—鸡屿断层	Q₂	倾滑正断层	控制小岛屿、谷地冲洪积和海湾侵蚀堆积和淤积层分布
f6	浔江断裂	Q₃	右旋倾滑	控制同安湾沉降和厦门断块差异升降运动相对和沿岸侵蚀堆积
f7	杏林湾—石胄头断层	Q₂~Q₃	正断层	控制厦门岛东北部侵蚀—堆积阶地和控制杏林湾沉降及淤积，见有零星小震活动及温泉出露
f8	塔头—濠头断层	Q₂~Q₃	正断层	主要控制马銮湾发育和沿岸侵蚀—堆积，在灌口附近有小震群和温泉活动
f9	钟山—鼓浪屿断层	Q₂~Q₃	正断层	东南段控制鼓浪屿与厦门岛差异升降活动及地层分布，西北段控制京口海湾冲淤积
f10	嵩屿—鼓浪屿南侧断裂	Q₃	正断层	控制嵩屿半岛、鼓浪屿海岸地貌和九龙江入海口淤积
f11	鳌冠—乌石埔断层（含湖里—薛岭断层）	Q₂	压扭性	控制厦门岛北半部相对沉降和侵蚀对基层分布，西段见有温泉出露（东浮汤沿岸）

断层编号	断层名称	活动年代	活动方式	活动特点
f12	海沧—小金门岛南侧断层	Q₃	正断层	明显控制九龙江下游槽地形成和厦门岛缓慢上升活动，龙海盆地下降及冲淤积层分布
f13	何厝近岸断层	Q₃	倾滑断层	控制厦门岛东海岸地貌及第四纪沉积层分布，现今有小震活动

评估区内有一般断层总长度约 127 千米，活断层总长度约 110 千米，但断层活动不明显。综观厦门市活动断裂带及其活断层，不存在全新世断裂且规模较小，没有发生 6 级以上地震的可能性，故活断裂构造的错动性破坏以及断层发震对地下工程的影响不大。

总体上，厦门市断裂构造引起的地面变形、水土流失、塌方、涌水、毒气、场地岩土体滑移、地基强度不足、崩塌、滑坡、泥石流等问题均不构成严重威胁。因此，规划评估区内构造断裂带地区地下空间总体上基本适宜开发利用，但工程难度和造价有较大提高，地下空间的选址应当尽量避开活断层，或采取有针对性的特别工程措施。

2. 软土震陷

软土震陷对线形地下空间工程（如交通隧道、地下管线、地下综合管廊等）危险性较大；对点状的地下工程，地震时地基震陷差异和地基沉降差别较小，影响相对较小。

评估范围内的软土区主要分布在滨海平原地带，成分为海积土和人工堆积土，海积土上部主要是淤泥、淤泥质砂，中、下部为淤泥质土或淤泥质粉细砂。淤泥和淤泥质粉细砂土是可能产生震陷的土层，但厦门市的滨海平原区面积不大，震陷区域面积影响总体上较小。总体上，这类地区地下空间属于基本可开发范围，但必须采取软土处理和规划措施。

3. 地震砂土液化

厦门市饱和砂土地层主要分布在河流两侧、山前冲洪积平原及低洼谷地等地段，液化区域主要分布在会展中心两侧、东屿、马銮湾、同安区丁溪两侧的局部地段，可能发生液化的区域范围较小。在罕遇地震烈度（大于 8 度）下，中等液化和严重液化的范围有所扩大。砂层深度一般都在 10 米以内，这个深度仅对附建于多层建筑的地下室或埋深较浅的单建式地下建筑、地下管线有影响，而较大型的地下工程项目的基础较深或本身埋深深度已经穿过液化层，砂土液化作用无影响。

因此，砂土液化对浅层地下空间影响较大，对次浅层及以下影响较小。厦门地震设防烈度为 7 度，因强震而产生砂土液化的范围小、程度轻。从总体上看，在地震砂土液化区可以开发地下空间，但应采取一定地基处理措施或深埋布局。

4. 滑坡与崩塌

根据《厦门市地质灾害防治规划》，厦门市较大的地质灾害（隐患）点共有40 处，其中滑坡点 12 处，崩塌点 20 处，不稳定斜坡 8 处，在本规划评估区内较大的地质灾害有 11 个。其中本岛的地质灾害危险点主要分布在狐尾山－仙岳山－仙洞山－园山、万寿山、金榜公园、龙山、西林等地段地表区域，是断层发育交汇区，暴露部位在强震时容易发生滑坡崩塌，地表较浅部位的地下洞室稳定性差（图 9.6）。

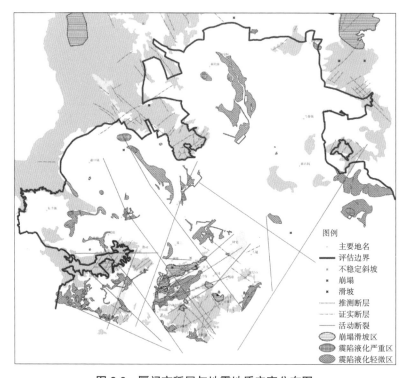

图 9.6　厦门市断层与地震地质灾害分布图

在滑坡崩塌点不宜直接开发利用浅层地下空间。在地质条件较好且滑坡崩塌危险性小的局部区域，根据城市的实际需要，可开发地下交通隧道、仓储、停车等公共设施，但不宜规划开发文化娱乐设施及大型的地下综合体等人流较集中的地下公共空间，且必须针对地质灾害危险做特殊处理。

9.2.5 地质自然条件适宜性综合分类评价

根据上述自然条件对地下空间资源可开发的适宜程度，把厦门城市地下空间资源定性划分为适宜、基本适宜、不适宜三类（图 9.7 ~ 图 9.9）。

（1）不适宜开发地区：即地下工程建设的危险性和难度很大，需投入很大代价的区域，一般具备以下条件：

①滑坡崩塌的危险点严重的强震崩塌滑坡区和断裂破碎带；

②水源及保护地。

图 9.7 厦门市土层地下空间资源工程适宜性评价图

图 9.8   厦门市基岩层地下空间资源工程适宜性评价图

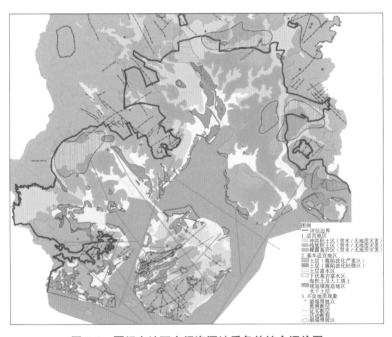

图 9.9   厦门市地下空间资源地质条件综合评价图

（2）基本适宜开发的地区：通过一般的工程措施就可以基本消除工程隐患的地区，一般具备以下条件：

①一般性震陷液化的土层区和一般性崩塌滑坡危险区；

②非水源地的地下水量较大地区；

③海积土与人工堆积土层；

④海水入侵区和地表水下地下空间。

（3）适宜开发的地区：无不良地质现象且地下水量较小的岩石层和土层，不需要特殊处理或仅需很少的工程处理措施。

9.3　各类城市空间对地下空间资源的影响评价

地下空间资源的开发利用，必须遵守保护城市建设现有成果及适应城市空间规划需要的原则，具体表现在城市现状空间保护、保留、更新改造以及新规划空间类型对地下空间资源可开发程度的不同影响。

9.3.1　地下埋藏物

在厦门城市规划资料中，未有地下文物及矿藏区记录，暂不考虑地下文物和矿藏区的影响，但今后如果在规划建设区域内新发现这类埋藏物，则应按下述原则进行控制和规划处理：对有价值的地下矿藏（水资源、矿物资源、地热、油气等）和地下文物资源，在地下空间开发中必须通过合理布局加以保护；在地下矿藏尚未开发时，不宜先进行地下空间开发；矿藏开发完毕之后，废旧坑道等可改造后加以利用；在地下文物埋藏区，应根据文物的特点，采取就地保护或者挖掘异地保护，之后才可进行地下空间开发利用；保护范围应根据矿藏和文物的实际情况进行具体分析。

9.3.2　已开发利用的地下空间

已开发利用地下空间是城市地下空间资源总蕴藏量中已被开发和使用的部分，是保护和保留整合、完善的对象，多数将继续使用，不计入潜在的资源范围。

即：城市潜在的可利用地下空间资源＝城市地下空间资源天然可合理开发量－已开发利用地下空间资源量。在规划中，应对现有地下空间的完善、整合和继续利用提出总体策略和利用方向，结合民防规划提出民防工程废弃和保留及完善整合的计划。

9.3.3　地面建筑空间

地下空间开发范围必须与原有建筑物保持一定的水平距离和垂直距离，保证现有建筑物的空间范围不被侵犯，以及建筑物地基基础及场地的安全。除规划拆除改造的建筑空间外，文物保护单位和文物建筑空间、城市风貌保护范围和其他的保护保留建筑空间，对潜在的地下空间资源开发形成制约。因此，在建筑空间内，可供合理开发利用地下空间资源（图9.10，图9.11）的范围是：

①城市规划新增待建设用地的下部空间；

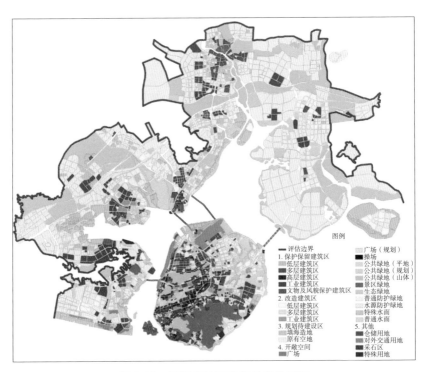

图9.10　厦门市地面空间状态分析图

②城市规划拟拆除的原有建筑物、构筑物区域的下部空间；

③保护保留建筑物、构筑物基础底面以下安全影响范围以外的地层空间；

④城市规划填海、湾、陆域水面的新增建设用地下部空间。

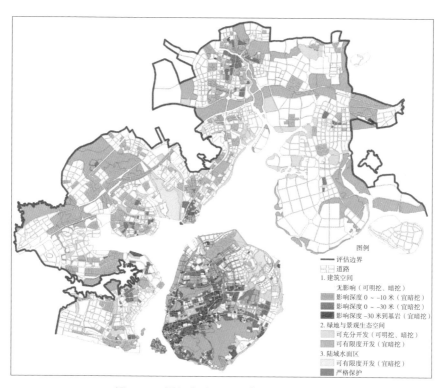

图 9.11　厦门市地面空间类型影响评价图

9.3.4　开敞空间

（1）一般开敞空间：道路、广场、空地等非建筑空间（图 9.10，图 9.11）。

①现状道路下开发利用地下空间，必须保护原有市政管线、地下过街通道、地下街、地铁线路等设施，或利用原设施改造时机进行综合再开发，形成新的地下综合空间。

②新规划道路是可充分开发利用的优质地下空间资源，可作为市政管线及综合管廊、地下人行通道、地下机动车道、地铁、地下街、地下停车等空间。

③广场、空地是条件最优越，最适宜开发利用地下空间的地段。一般结合地面功能需要，作为地下公共服务设施（商场、地下街、文化娱乐体育设施、餐饮、修理、便利店、超市等）、地下市政设施、地下停车等空间。

（2）生态开敞空间：水面、山体以及生态效应显著的绿地等非建筑空间的生态系统（图 9.10，图 9.11）。

为了保证生态效益空间的需要，除了要对这类开敞空间的地面建设进行严格限制外，还应对地下空间开发利用的功能、规模、深度等的合理性及与地面空间的协调提出规划和控制要求，禁止开发与生态保护功能不符的地下空间类型或超规模开发。

①考虑对绿地覆土厚度以及为保持良好生态效应的要求，把绿地分为保护性绿地和一般性绿地。对生态绿地和防护绿地等保护性绿地，应较严格地控制地下空间可开发量比例，一般性绿地可适当放松控制比例。

②水面地下空间资源丰富，但考虑在水体下地下空间通风及出入口设置不便，防水难度较大，以及保持水体的自然生态效应，水面下地下空间主要应保证城市市政交通等必要的基础设施建设需要，严格控制其他功能的地下空间开发比例。

③厦门城市内山体一般为基岩，岩石完整性好，地下空间资源地质条件优越。山岭生态系统必须得到严格控制，地下空间开发应采取暗挖方式，考虑与生态和环境效果相协调。

9.3.5 特殊空间

特殊空间包括特殊用地、对外交通场站用地（不含旅客广场）、仓储物流用地、市区内的采石区和矿区等，总体上这类地区属于特殊和内部使用，不便也不必要开发为城市功能服务的地下空间。

9.3.6 自然和人文资源保护空间

评估区内自然及人文资源：文物保护单位 155 处，优秀历史建筑 1243 处，文物、优秀建筑及旧城历史风貌保护区 3.96 平方公里；海岸线控制性保护带长度约 59.7 公里；山岭、水面、绿地等自然生态性质地区约 160 平方公里（图 9.10，图 9.11）。在保护控制范围内，仅限于为保护自然及人文资源，或为功能需要进行有针对性的地下空间资源开发利用，不宜开发除功能完善目的之外和影响保护要求的地下空间。当保护范围内确需添加和改造内容时，宜优先考虑利用地下空间。

9.4　城市经济社会需求特征与价值影响评价

根据城市的绝对空间区位、地价和用地功能三个不同方面的评价指标，通过评估地下空间需求的性质和强度，对地下空间的潜在开发价值和资源优势进行排序。

9.4.1　绝对空间区位分布与分级

在城市商业中心、行政中心、交通枢纽等绝对空间中心区位，开发利用地下空间资源可能创造的经济、社会和环境效益均较高，其周围土地的价值与区位的相对联络时间和距离相关。其中地铁枢纽对地下空间综合开发的价值最高。

（1）以轨道交通地下站点、大型公共建筑密集区、商业密集区、城市公共交通枢纽为发展源，包括中山路商业区、火车站—莲坂中心区、嘉庚体育馆片区、厦门北站、马銮湾行政商务区、滨北 CBD 区、江头片区、观音山商务中心区、会展中心片区、同安中心区、翔安新城区等为重点地下开发区域。

（2）绝对区位共分为五个级别：一级中心区位包括厦门火车站—富山地区、中山路地区市级商业中心、市级行政中心与白鹭洲公园地区、规划地铁枢纽换乘站；二级中心区位主要包括区级商业中心、区级行政中心、轨道交通地下站和地面换乘站、城市对外交通枢纽、独立的大型文化娱乐休闲和体育设施；三级及以下区位主要是市内的公交枢纽、地铁地面站及沿线较远区域以及旅游区（表 9.2，图 9.12，图 9.13）。

厦门城市地下空间开发价值绝对区位分布与分级　　　　表 9.2

区位等级	区位类型和辐射范围	区位评价	评估指标值
一级	市级行政中心—白鹭洲公园地区、中山路商业区、火车站—莲坂中心区、厦门北站、轨道枢纽换乘站周围 500 米范围（含规划）	优	1.0
二级	区级行政中心、区级商业中心、交通枢纽、大型文化休闲旅游等吸引点、轨道地下站和轨道地上换乘站周围 500 米范围、轨道枢纽换乘站周围 500 ~ 1000 米之间范围、机场（含规划）	良	0.8
三级	轨道地上站周围 500 米范围，轨道枢纽换乘站周围 1000 ~ 1500 米之间范围，旅游区（含规划）	中	0.6
四级	一般建成区，岛内其他规划建设用地	较差	0.4
五级	岛内非规划建设用地，岛外规划的其余地区	差	0.2

注：区位中心具有一定的辐射影响力，其辐射范围如下：

（1）将地铁枢纽换乘站及其周围 500 米范围内定位一级区位，500 ~ 1000 米的范围内为二级区位；

（2）交通枢纽和大型吸引点的影响辐射范围是以节点为中心的半径为 1000 米的范围内。

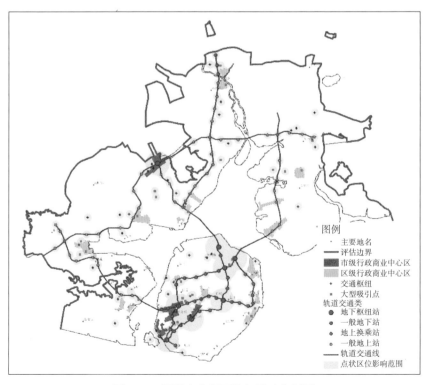

图 9.12　厦门市空间区位与影响分析图

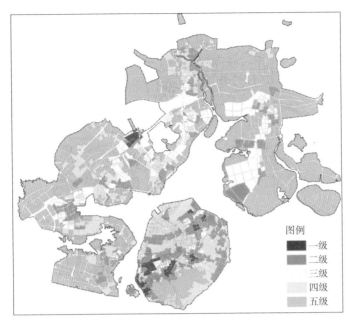

图 9.13　厦门市空间区位及影响分级图

9.4.2　地价分布与分级

　　地下空间是对城市土地资源的延伸和拓展，对土地空间资源具有增容和集聚效应。地价水平与地下空间可创造的土地资源预期附加价值密切相关。基准地价能够作为反映土地利用所能产生的经济价值和使用成本的参考依据，因此把基准地价作为衡量地下空间开发利用价值的参考要素之一。根据厦门市商业基准地价将评估区分为五级（表 9.3）。

地价对地下空间资源潜在开发价值影响分级标准　　　　　表 9.3

地价等级	商业基准地价的分区范围（元 / 平方米）	经济效益水平期望值等级	评估指标值
一级	≥ 5000	优	1.0
二级	3500 ~ 5000	良	0.8
三级	2000 ~ 3500	中	0.6
四级	1000 ~ 2000	较差	0.4
五级	< 1000	差	0.2

9.4.3 用地功能与分级

根据城市总体规划中地块用地性质的分布，将用地功能对地下空间资源潜在开发价值的影响分为五类（表9.4，图9.14）。

厦门城市用地功能与地下空间资源潜在开发价值分类及评价指标　　表 9.4

用地等级	用地性质类型	地下空间潜在开发价值	评估指标值
一级	行政办公用地、商业金融业用地、文化娱乐休闲中心用地	总体为优	1.0
二级	对外交通用地、道路广场用地、公共绿地	商业价值一般到高，社会效益高，环境效益也较高；总体为良	0.8
三级	高密度居住用地；市政公用设施用地；文教体卫用地	商业价值一般，社会和环境效益高；总体为良	0.6
四级	低密度居住用地	需求量较低；总体为一般	0.4
	特殊用地、工业用地、仓储用地	以自用为主，满足功能或生产特殊需要；总体为一般	0.2
	生产防护绿地、林地/山体、陆域水面	商业价值较低，环境效益较高，或有特殊的社会效益，单体价值较高，总体为一般	
五级	生态绿地、独立工矿用地、中心镇用地	各类价值很难实现，总体开发价值较差	

图例
■ 一级（优）
▨ 二级（良）
▨ 三级（中）
▨ 四级（较差）
□ 五级（差）

图 9.14　厦门市用地功能影响评价图

9.5　可供合理开发的地下空间资源分布及规模

9.5.1　地下空间资源的可合理开发程度分类

根据地质条件、城市建设现状条件及城市空间类型规划布局对地下空间资源可开发程度的影响，把厦门城市地下空间资源按照可供合理开发的程度划分为三个类别，其中后二者属于可供合理开发利用的地下空间资源范畴。

（1）不可开发的地下空间资源：建筑物地基基础影响区域、对城市生态环境有重要影响的区域、水源保护地、文物及风貌保护区域、特殊用地、严重地质灾害地区等的地下空间资源，应为规划不可开发或不宜开发的资源。

（2）不可充分开发（可有限度开发）的地下空间资源：建筑基础底面影响深度以下的深层空间、山体绿地、生态绿地、景区绿地、普通陆域水面等地下空间资源，根据城市实际需要严格和慎重控制总体规模，不可过度开发。

（3）可充分开发的地下空间资源：改造拆除重建地区、城市规划新增用地、未开发利用地下空间的城市道路、空地、广场和普通绿地、规划人工填土造地区域、采石区、机场、码头、铁路和仓储用地的次深层空间等。

9.5.2　可供合理开发的地下空间资源分布及容量

在地质条件综合评价的基础上，再排除自然及人文资源保护、现状建筑及设施保护，以及规划特殊用地的制约范围，可得到地下空间资源可供合理开发的范围。

根据地下空间资源评估 GIS 统计，评估区占地面积为 773.67 平方千米，其中可供合理开发地下空间资源的地块面积约为浅层 445.16 平方千米，次浅层为 651.96 平方千米。本岛可供合理开发地下空间资源的地块面积约为浅层 85.81 平方千米，次浅层为 115.04 平方千米。厦门城市地层深度 30 米范围内，地下空间资源天然总蕴藏量为 232.1 亿立方米。其中：

（1）在规划评估区地块内，可供合理开发地下空间资源浅层为 43.4 亿立方米，次浅层为 128.2 亿立方米，总计 171.6 亿立方米；其中，厦门本岛浅层为 7 亿立方米，次浅层为 22.4 亿立方米，总计 29.4 亿立方米（表 9.5，图 9.15，图 9.16）。

可供合理开发的地下空间资源量（不含道路） 表 9.5

（单位：万立方米）

地区	浅层资源量	次浅层资源量	资源量合计	百分比
思明区	41009	116726	157735	9.19%
湖里区	28618	108283	136901	7.98%
海沧区	67970	199298	267268	15.58%
集美区	66000	228274	294274	17.15%
同安区	94837	282400	377237	21.98%
翔安区	135135	347359	482494	28.12%
总计	433571	1282341	1715912	100.00%
百分比	25.27%	74.73%	100.00%	

（2）道路下地下空间资源：以地下管线占用空间厚度为地面下 5 米至 8 米以下甚至 -30 米深度计，那么道路下可供合理开发的地下空间资源估算为浅层 2.2 亿立方米，次浅层 17.8 亿立方米；其中本岛浅层为 0.38 亿立方米，次浅层为 3 亿立方米（表 9.6）。

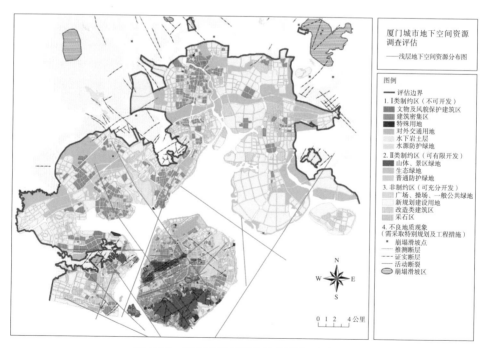

图 9.15　厦门市浅层地下空间资源分布图

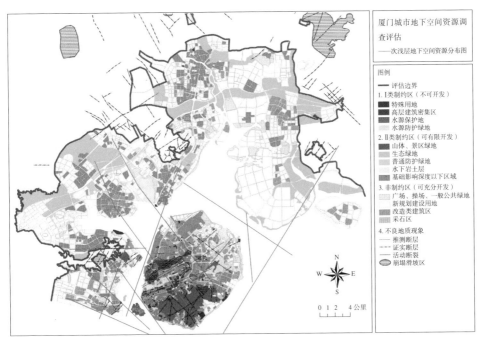

图 9.16　厦门市次浅层地下空间资源分布图

评估区道路下可合理开发地下空间资源量　　　　　　　表 9.6

（单位：面积：公顷；资源量：万立方米）

行政区		厦门本岛	海沧	集美	同安	翔安	合计
道路面积		1895.2	1902.3	2375.7	2507.5	2433.7	11114.4
资源量	浅层	3790	3805	4751	5015	4867	22228
	次浅层	30323	30437	38011	40120	38939	177830
	合计	34113	34242	42762	45135	43806	200059

注：未区分现有道路和新规划道路。

（3）广场、操场等地表以下空间，即 0 ~ -30 米，资源量约 0.25 亿立方米，其中本岛 0.19 亿立方米。

（4）新增建设用地和规划填土用地地表以下空间，0 ~ -30 米，资源量约 93.6 亿立方米，其中本岛 4.8 亿立方米。

（5）绿地和水体等的地表一定深度以下空间，即地表生态保护层厚度 5 米或 10 米以下至 -30 米深度，资源量约 42.8 亿立方米，其中本岛 6.9 亿立方米。

（6）城市规划确定拟拆除的原有建（构）筑物的地表以下空间，0 ～ -30 米，资源量 12.0 亿立方米，其中本岛 4.1 亿立方米。

（7）保护和保留的地上地下建（构）筑物基础底面以下安全影响范围以外的空间，即基础埋深 10 米以下至 30 米深度，资源量 16.5 亿立方米，其中本岛 6.1 亿立方米。

（8）规划区内坡度的山体地表以下空间，山体下 0 ～ -30 米，资源量约 8.2 亿立方米，其中本岛 7.8 亿立方米。

9.6 地下空间资源评估分级

9.6.1 地下空间资源的工程适宜性（难度）分级

在地质条件工程适宜性定性分区基础上，定量评价和比较地下空间资源在地质条件适宜程度上的差异性。其中断裂构造、滑坡崩塌、震陷液化等因素影响作用的变异性很大，不易且不宜量化排序，暂不计入评估指标。在评估分级基础上，该类因素按适当加大工程难度和成本考虑。

以岩土体地质条件、水文地质特征和地层深度因素的作用程度为评估单项指标，规划区内可供合理开发的地下空间资源（不含道路下地下空间资源）按工程适宜性（难度）分为五个等级（图 9.17，图 9.18，表 9.7，表 9.8），其中：

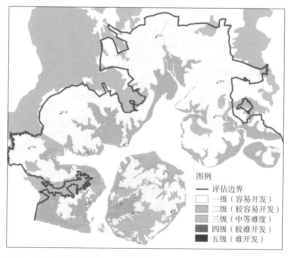

图 9.17　厦门市浅层地下空间资源工程适宜性（难度）评估图

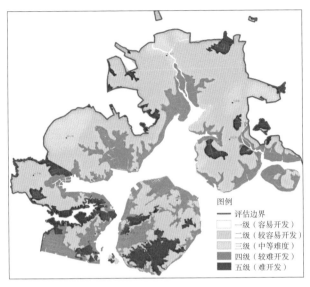

图例
——— 评估边界
□ 一级（容易开发）
□ 二级（较容易开发）
□ 三级（中等难度）
■ 四级（较难开发）
■ 五级（难开发）

图 9.18　厦门市次浅层地下空间资源工程适宜性（难度）评估图

（1）一级（最容易开发），分布在厦禾路以南植物园以北平原区一带、黄厝、本岛东北部平原区、蔡尖尾山南北两侧平原、岛外的平原及残积台地区，以浅层土层为主。资源量 25.9 亿立方米，占 14.9%，其中岛内 2.9 亿立方米。

（2）二级（较容易开发），分布在筼筜湖、环岛路两侧的人工填土区、岛外的环海岸线一带，以浅层土层为主；富山、后埔、岛外的同安和翔安的大部分平原区、东孚镇、海沧镇北部，以次浅层和岩石层为主。资源量 54.9 亿立方米，占 31.6%，其中岛内 7.3 亿立方米。

（3）三级（中等开发难度），分布在岛内岛外的山体，以浅层的岩石为主；中山公园、黄厝、吕厝、五通、岛外的灌口镇、马巷镇、同安市区北部，以次浅层土层为主。资源量 48.9 亿立方米，占 28.2%，其中岛内 7.5 亿立方米。

（4）四级（较难开发），分布在筼筜湖、环岛路两侧的人工填土区、岛外的环海岸线一带，以次浅层的土层和岩石层为主。资源量 31.4 亿立方米，占 18.1%，其中岛内 6.8 亿立方米。

（5）五级（难开发），仅分布在岛内外山体的次浅层岩石层。资源量 12.4 亿立方米，占 7.2%，其中岛内 5.7 亿立方米。

浅层地下空间资源工程难度评估分区统计表　　　　表9.7

（单位：万立方米）

地区	一级	二级	三级	四级	五级	合计	百分比
思明区	10323	8525	23972	0	0	42819	9.6%
湖里区	18689	11985	3377	0	0	34051	7.6%
海沧区	23560	31489	15235	0	0	70284	15.8%
集美区	43198	21259	1649	0	0	66107	14.8%
同安区	72296	18775	2443	0	0	93513	21.0%
翔安区	90637	37762	9997	0	0	138396	31.1%
总计	258703	129795	56673	0	0	445171	100.0%
百分比	58.1%	29.2%	12.7%	0.0%	0.0%	100.0%	

次浅层地下空间资源工程难度评估分区统计表　　　　表9.8

（单位：万立方米）

地区	一级	二级	三级	四级	五级	合计	百分比
思明区	0	20707	19791	26032	50236	116766	9.1%
湖里区	0	31677	27898	41723	6750	108048	8.4%
海沧区	0	44187	46635	64591	47988	203400	15.8%
集美区	0	70875	94363	59818	2777	227833	17.7%
同安区	0	133285	88658	41995	4515	268453	20.8%
翔安区	0	118683	155344	79803	11826	365656	28.3%
总　计	0	419415	432688	313962	124092	1290157	100.0%
百分比	0.0%	32.5%	33.5%	24.3%	9.6%	100.0%	

9.6.2　地下空间资源的潜在开发价值分级

根据空间区位、轨道交通规划、地价分布和城市用地功能布局条件，规划区可供合理开发的地下空间资源（不含道路地下空间资源）按其开发利用的潜在经济价值分为5个等级（图9.19；统计结果见表9.9，表9.10），其中：

（1）一级（优），主要分布在火车站—富山、中山路区商业区、市级行政中心—白鹭洲等市级中心区和主要地铁枢纽站地区。资源量2.0亿立方米，占1.2%，其中岛内1.3亿立方米。

（2）二级（良），分布在一级中心区的周围辐射区、各行政区行政中心、区级商业中心和地铁地下站点地区。资源量12.4亿立方米，占7.2%，其中岛内6.8亿立方米。

（3）三级（中），分布在黄厝、曾厝垵、虎仔山东部、南湖公园、马巷镇的西部和南部、新店镇的南部等。资源量28.3亿立方米，占16.3%，其中岛内6.3亿立方米。

（4）四级（较差），分布在植物园、仙岳山及其北部对外交通用地区、湖边水库东侧、岛外的工业区等。资源量25.2亿立方米，占14.5%，其中岛内10.7亿立方米。

（5）五级（差），主要是万石山、岛外的生态绿地、水面、岛外的中心镇用地等。资源量105.6亿立方米，占60.9%，其中岛内5.0亿立方米。

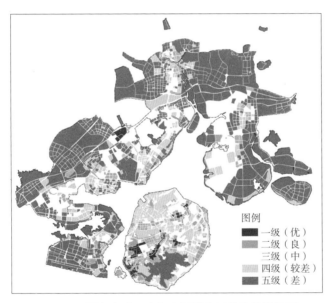

图 9.19　厦门市地下空间资源潜在开发价值评估图

浅层地下空间资源量与潜在开发价值分级统计　　　　　　　　　　表 9.9

（不含道路，单位：万立方米）

分区	一级	二级	三级	四级	五级	合计	百分比
思明区	1630	7450	7019	10072	16648	42819	9.6%
湖里区	1255	9612	8504	14680	0	34051	7.6%
海沧区	0	4593	9207	2274	54210	70284	15.8%

续表

分区	一级	二级	三级	四级	五级	合计	百分比
集美区	2363	5163	16383	4542	37657	66107	14.8%
同安区	0	1571	10241	2180	79521	93513	21.0%
翔安区	0	5081	34590	9483	89241	138396	31.1%
总计	5248	33471	85944	43232	277277	445171	100%
百分比	1.2%	7.5%	19.3%	9.7%	62.3%	100%	

次浅层地下空间资源量与潜在开发价值分级统计　　　　表 9.10

（不含道路，单位：万立方米）

分区	一级	二级	三级	四级	五级	合计	百分比
思明区	7296	26590	20296	29290	33295	116766	9.1%
湖里区	2873	25058	27424	52694	0	108048	8.4%
海沧区	0	9994	19204	30518	143684	203400	15.8%
集美区	4727	12555	37244	33076	140231	227833	17.7%
同安区	0	6758	22208	41418	198069	268453	20.8%
翔安区	0	10162	70600	21445	263449	365656	28.3%
总计	14895	91116	196978	208441	778728	1290157	100%
百分比	1.2%	7.1%	15.3%	16.2%	60.4%	100%	

9.6.3 地下空间资源质量综合评价

以工程适宜性（难度）与潜在经济价值评估结果为二级指标进行评估计算，规划区可供合理开发的地下空间资源（不含道路下地下空间资源）综合质量分为 5 个等级（图 9.20，图 9.21，表 9.11，表 9.12），其中：

（1）一级（优），主要集中在中山路商业区一带、火车站—富山—江头一带、市政府—白鹭洲一带、钟宅和五通规划的地铁枢纽站区、西客站等的浅层；中山路、火车站、富山等的次浅层。资源量 0.98 亿立方米，占 0.6%，其中岛内 0.67 亿立方米。

（2）二级（良），分布在何厝—五通—飞机场一带、湖滨北路—吕岭路的两侧、厦禾路和湖里大道两侧、厦大附近、岛内地铁沿线、马銮湾等岛外的行政商业中心区的浅层；市政府一带、轨道交通枢纽的次浅层。资源量 14.8 亿立方米，占 8.5%，其中岛内 6.7 亿立方米。

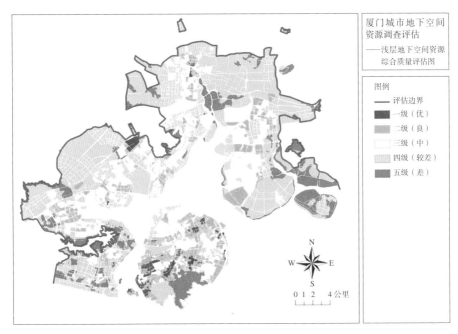

图 9.20　厦门市浅层地下空间资源综合质量评估图

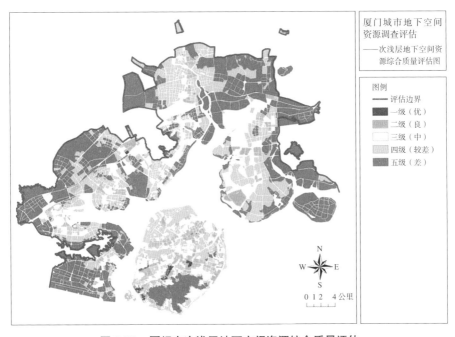

图 9.21　厦门市次浅层地下空间资源综合质量评估

厦门城市浅层地下空间资源综合质量分级统计表　　　表9.11

（单位：万立方米）

分区	一级	二级	三级	四级	五级	合计	百分比
思明区	2025	7961	11052	8695	13086	42819	9.6%
湖里区	1794	12385	13653	6219	0	34051	7.6%
海沧区	0	9872	3928	42883	13601	70284	15.8%
集美区	2467	7580	15610	40252	198	66107	14.8%
同安区	0	3829	8099	77937	3649	93513	21.0%
翔安区	0	15872	27077	77068	18380	138396	31.1%
总计	6286	57499	79418	253053	48914	445171	100.0%
百分比	1.4%	12.9%	17.8%	56.8%	11.0%	100.0%	

厦门城市次浅层地下空间资源综合质量分级统计表　　　表9.12

（单位：万立方米）

分区	一级	二级	三级	四级	五级	合计	百分比
思明区	1903	23027	28916	24411	38509	116766	9.1%
湖里区	989	24476	29423	53161	0	108048	8.4%
海沧区	0	4274	24570	34515	140041	203400	15.8%
集美区	612	14741	33753	72768	105959	227833	17.7%
同安区	0	7189	28681	94409	138173	268453	20.8%
翔安区	0	16828	56484	86668	205676	365656	28.3%
总计	3504	90534	201828	365933	628358	1290157	100.0%
百分比	0.3%	7.0%	15.6%	28.4%	48.7%	100.0%	

（3）三级（中），分布在黄厝、曾厝垵、湖边水库东侧、飞机跑道及其西部和北部的一部分、岛外的地铁沿线区域的浅层；岛外商业中心区、岛内地铁沿线的次浅层。资源量28.1亿立方米，占16.2%，其中岛内8.3亿立方米。

（4）四级（较差），分布在植物园、仙岳山、码头、岛外大部分的建设区等区域的浅层和次浅层，岛外地铁沿线的次浅层。资源量61.9亿立方米，占35.7%，其中岛内9.2亿立方米。

（5）五级（差），万石山、岛外较偏远的建设区的浅层和次浅层；植物园、东孚镇、灌口镇、新坝镇等地的次浅层。资源量 67.7 亿立方米，占 30.9%，其中岛内 5.2 亿立方米。

9.7　可供有效利用的地下空间资源估算

9.7.1　地块内地下空间资源的可供有效利用量

（1）可供有效利用体积估算

在可充分开发地区，建筑密度一般在 30% ~ 40% 之间，再考虑部分地下空间可超出一般建筑密度的范围，假定地下空间资源有效开发的平均占地密度为浅层 40%，次浅层 20%。

在可有限度开发地区，假定地下空间资源有效开发的平均占地密度为浅层 10%，次浅层为 5%。则可得到规划评估区内可供有效利用的地下空间资源量估算值为 37.7 亿立方米，其中浅层 16.6 亿立方米，次浅层 21.1 亿立方米；本岛内可供有效利用的地下空间资源量估算值为 5.7 亿立方米，其中浅层 2.2 亿立方米，次浅层 3.5 亿立方米。

（2）可供有效利用面积估算

假定浅层地下空间平均开发两层地下建筑，次浅层地下空间平均开发四层地下建筑，则可得到在今后一段时期规划地块内可供有效利用的地下空间资源量，折算成建筑面积约为 7.5 亿平方米，其中浅层 3.3 亿平方米，次浅层 4.2 亿平方米；本岛规划地块内可供有效利用的地下空间资源量，折算成建筑面积约为 1.13 亿平方米，其中浅层 0.44 亿平方米，次浅层 0.69 亿平方米。

9.7.2　道路地下空间资源的可供有效利用量

以地下管线占用空间厚度为地面下 5 米至 8 米甚至 30 米深度计，那么评估区地块外道路下可供有效利用的地下空间资源估算为浅层 0.89 亿立方米，次浅层 3.56 亿立方米；其中本岛浅层为 0.15 亿立方米，次浅层为 0.61 亿立方米（表 9.13）。

评估区道路下可供有效利用的地下空间资源量 　　表 9.13

（单位：面积：公顷；资源量：万立方米）

行政区		本岛	海沧	集美	同安	翔安	合计
道路面积		1895	1902	2376	2508	2434	11114
资源量	浅层	1516	1522	1900	2006	1947	8891
	次浅层	6065	6087	7602	8024	7788	35566
	合计	7581	7609	9503	10030	9735	44457
	比例	17%	17%	21%	23%	22%	100%

注：未区分现有道路和新规划道路。

9.8 地下空间需求预测

厦门市在地下空间需求预测中综合应用了多种方法，首先是按区位、系统和城市功能对地下空间需求进行分类，再针对不同的功能需求采用相适应的预测方法。根据城市自身的发展特点，地下空间需求按居住区、公共设施、广场绿地、工业仓储物流、基础设施、防空防灾、地下储存等类别分别预测。

9.8.1 居住区地下空间需求预测

居住区包括新建大型居住区、居住小区以及整片拆除重建的危旧房改造区。居住区地下空间开发利用需求的主要内容有：

①高层和多层居住建筑地下室，主要用于家庭防灾、贮藏和放置设备、管线；

②区内公共建筑地下室或地下公共建筑，用于餐饮、会所、物业管理、社区活动等公共服务设施以及防灾、仓储等设施；

③地下停车设施；

④地下管线及综合管廊；

⑤区内变电站、热交换站、燃气调压站，泵房、垃圾站等设施的地下化；

⑥区内地下物流系统。

厦门城市居住区地下空间建筑需求量的估算基准依据如下：

① 2020 年人均居住建筑面积取 30 平方米，户均 3.3 人；

②地下防灾空间：人均面积 1.2 平方米；

③地下停车空间：根据《厦门城市交通综合规划》配建停车指标以及《厦门城市总体规划》布局原则，岛内居住区以建设高标准住宅为多数，岛外以建设普通居住区占多数，故岛内岛外均取户均 0.5 辆车，地下停车率 80%，每车占用建筑面积 35 平方米，则户均地下停车空间面积 14 平方米；

④居住区公共建筑按照住宅建筑量的 15% 比例配套，按建筑规模的 20% 比例建设地下室；

⑤每 100 万平方米居住建筑面积按 2020 年建设标准，可容纳居住人口 3.3 万人，1 万户。

根据上述标准，2020 年每 100 万平方米新建居住建筑需地下防灾空间为 3.96 万平方米，地下停车空间为 14 万平方米，公共建筑地下空间 3 万平方米，总计地下空间需求量为 20.96 万平方米，即相当于地面住房建筑规模的 20.96%；人均地下空间需求面积 6.34 平方米。

（1）按居住区新增建筑量估算需求量

根据《厦门市住房发展研究报告》预测数据，从 2006 年到 2010 年，厦门城市住房建设规模为 2291.05 万平方米，年平均增长率为 8.5%，如果按此标准推算，从 2011 年到 2020 年住房建设规模应为 5327 万平方米。

因此，居住区地下建筑建设规模应为：

2011 ~ 2020 年，地下建筑建设规模 5327 万平方米 ×20.96% = 1117 万平方米，主要在岛外发展，岛内仅为改造和少量开发。

（2）按人口增长规模估算需求量

根据《厦门城市总体规划》预测，2020 年，全市总人口规模为 330 万人，其中城市人口规模为 290 万人，比 2010 年增加 80 万人。根据人口增长量，厦门城市居住区地下建筑建设规模应为：

从 2011 年到 2020 年，地下建筑规模为 80 万人 ×6.34 平方米 / 人 =507 万平方米。

按以上两种方法推算的结果表明，按照城市总体规划确定的人口发展目标，以及住宅建筑增量预测，从 2011 年到 2020 年建设规模大体在 500 万平方米到 1120 万平方米。

9.8.2 公共设施地下空间需求预测

考虑开发利用地下空间的公共设施用地包括行政办公（A1）、文化设施（A2）、教育科研等（A3）、体育（A4）、医疗卫生（A5）、商业服务业（B）。估算公式（式 9-5）应为：

$$公共设施地下建筑规模 = 建设用地规模 × 公共设施用地比例（Z）× \\ 地面建筑容积率（R）× 地下建筑与地上建筑规模比例（L）\qquad(9\text{-}5)$$

当城市公共设施用地规模和建设强度作为已知和前提条件时，决定地下空间利用规模的主要因素是各类各级和各特定区域的公共设施中地下建筑与地上建筑的规模比例，即地下空间占其总体建筑规模的单位强度。

（1）根据厦门市统计年鉴有关竣工数据比例估算

2011 ~ 2020 年公共设施地下空间建设需求量为 404 万平方米，见表 9.14 所列。

根据当年公共设施建设量推算 2011 ~ 2020 年公共设施地下建筑发展规模　表 9.14

公共设施 用地类型	预测建设比例 Z	平均容积率 R	地下与地上建筑比例 L	地下建筑规模 （万平方米）
行政办公（A1）	40%	1.8	0.1	208.8
文化设施（A2）	10%	1.2	0.2	69.6
教育科研等（A3）	22%	0.4	0.1	23.6
体育（A4）	5%	0.5	0.1	7.2
医疗卫生（A5）	5%	1.8	0.1	27
文物古迹及其他（A6，A7，A8，A9）	10.9%	—	—	—
商业服务业（B）	7.1%	2.2	0.15	68
总计	100			404.2

（2）根据预计 2020 年厦门城市公共设施用地发展规模估算

由于缺乏公共设施用地现状的分类统计数据，假定现状公共设施用地之间的比例与公共设施新增用地类型之间的比例基本接近，那么采用各类公共设施新增用地的规模比例，分别计算各类公共设施用地增加规模，并估算得到2011 ～ 2020 年公共设施地下空间建设需求量为 380 万平方米，见表 9.15 所列。

厦门城市相关公共设施用地地下建筑规模需求量估算表　　　表 9.15

公共设施用地类型		建设用地规模（公顷）和比例 Z	容积率 R	地下与地上建筑比例 L	地下建筑规模（万平方米）
		2020 年用地（比例）/ 用地增加量			
行政办公（A1）	岛内	225/163.66	2.0	0.1	21.82
	岛外	350/176.24	1.6	0.1	6.80
	合计	11%/339.9			28.62
文化设施（A2）	岛内	130/80.34	1.0 ～ 1.2/1.1	0.2	12.85
	岛外	270/166.86	1.0 ～ 1.2/1.1	0.2	24.47
	合计	8%/247.2			37.32
教育科研等（A3）	岛内	240/143.72	0.4	0.1	3.83
	岛外	1050/628.78	0.4	0.1	16.77
	合计	25%/772.5			20.60
体育（A4）	岛内	35/21.33	0.5	0.3	2.13
	岛外	320/194.97	0.5	0.1	6.50
	合计	7%/216.3			8.63
医疗卫生（A5）	岛内	45/23.175	1.5 ～ 2.0/1.8	0.1	2.78
	岛外	75/38.625	1.5	0.1	3.86
	合计	2%/61.8			6.64
商业服务业（B）	岛内	710/419.07	2.0 ～ 2.5/2.2	0.15	92.20
	岛外	1750/1033.14	1.6 ～ 2.0/1.8	0.15	185.97
	合计	47%/1452			278.17
总计（公顷）	岛内	1385/465			135.64
	岛外	3815/2635			244.36
	合计	100%/3090			380

上述两种算法的估测值基本接近，取厦门城市公用设施地下建筑在 2011 ～ 2020 年的需求量为 380 万 ～ 400 万平方米。

9.8.3 城市广场和大型绿地

新开发或再开发的广场，地下空间开发范围有的仅占广场的一部分，也有的全部开发，甚至达到广场面积的 2 ～ 3 倍。由于《厦门市城市总体规划》中没有明确提出城市广场的位置、性质、规模，故其对地下空间的需求暂不做预测。

《厦门市城市总体规划》提出，到 2020 年，全市共建成公园绿地 4490 万平方米，按开发利用地下空间 10% 计，共需地下空间约 450 万平方米。

9.8.4 工业及仓储物流区

（1）工业用地

到 2005 年，厦门市工业总用地 4300 公顷，占城市建设用地的比重为 29.25%。其中岛内工业用地为 980 公顷，占工业用地总量的 22.8%。规划到 2020 年，工业用地将达到 5912 公顷，占城市建设用地的 17.2%，其中厦门本岛工业用地为 653.77 公顷，目前大于规划的用地规模，所以应属于拆迁部分工业用地缩小规模。

按 2003 年统计资料，当年工业建筑竣工面积 177 万平方米，为总竣工面积的 30%。按此比例推算，从 2011 年到 2020 年预计增加 1770 万平方米。工业区中多为单层厂房，不适于利用地下空间，故主要应按防空防灾要求，适当开发地下空间，用于关键生产线的防护和重要设备、零部件的贮存。按厂房面积的 5% 计，则到 2020 年需要 89 万平方米，而这部分需求规模应基本上属于岛外工业用地需要。

（2）仓储用地

《厦门市城市总体规划》中，全市规划仓储用地 1511 公顷，有 4 个集中的仓库区和 4 个物流园区。仓储和物流区地下空间应按防空防灾要求用于贵重物资的安全贮存和部分货运车辆的防护。按用地面积的 10% 计，需开发地下空间 151 万平方米。

9.8.5 城市基础设施各系统

（1）轨道交通设施

据已经编制完成的《厦门市城市快速轨道交通线网规划》，厦门市轨道交通拟建 4 条线路，总长 167.4 千米。岛内线路总长 61.3 千米，其中地下线长 24.5 千米，占总长的 40%；岛外线路总长 106.1 千米，其中地下线长 8.3 千米，占总长的 8%。共设地下站 22 座，其中本岛 17 个地下站。按每延长米区间隧道需要开发地下空间 20 平方米，每座车站建筑面积按照平均 1.2 万平方米计，共需开发地下空间 96 万平方米，其中本岛 69.4 万平方米。由于轨道交通建设难度较大，在本规划期内，按建成 1 号线一条轨道线考虑，1 号线及支线地下线长度约 6 千米，地下站 4 座，共需开发地下空间 16.8 万平方米，其中本岛约 10 万平方米。

（2）地下道路及综合隧道设施

按照建设集地下快速道路、地下物流通道和主要市政管线在一起的综合隧道的设想，按干线隧道直径 8.8 米，支线隧道直径 4.8 米计算，到 2020 年建设干线 30 千米，支线 70 千米，则需地下空间 309 万立方米，加上各种设施的地下建筑物、构筑物所需空间，按隧道容积乘以 1.1 系数计，共需开发地下空间 340 万立方米。规划建设的地下道路总长约为 24 千米，需要地下空间 240 万立方米，其中岛内 8.3 千米，需要地下空间 83 万立方米。

（3）地下公共停车设施

根据《厦门市城市总体规划》，2020 年厦门市的公共停车场总用地面积为 2.22 平方千米左右。而根据《厦门市综合交通规划》，至 2020 年厦门汽车保有量将达到 58.8 万辆，社会公共停车泊位为 9.85 万个，停车面积约为 3.00 平方千米，两者相差 0.78 平方千米，大部分应该建在地下。社会公共停车场在布局上主要以公园、绿地、学校操场、道路、广场等公共用地的地下空间为主，因此，这部分停车需求应列入相应的用地主体功能之中，不再单独计算和统计。

9.8.6　防空防灾系统

这部分地下空间需求大部分已包括在前面各项预测规模之中，不再单独预测。

9.8.7　地下贮库

为了实现水资源、能源的循环利用及新能源的开发，以及建立必要的战略储备，加强城市安全，应在 -50 ～ -100 米的深层岩石空间中建造多种类型的地下贮库，有热水库、冷水库、压缩空气库、液化天然气库、燃油库、危险品库等。

这些贮库的规模需在进行工程设计时才能确定，在规划阶段，预计总规模不小于100万立方米。

9.8.8 需求预测汇总

以上预测结果汇总见表9.16所列。

厦门市城市地下空间需求量预测汇总表   表9.16

序号	项目		需求量		备注	单位
1	居住区		500 ~ 1120（以岛外为主）		新增，不含现状	万平方米
2	城市公共设施		390 ~ 400	岛内 136 ~ 140	新增，不含现状	万平方米
				岛外 244 ~ 260		
3	城市大型公共绿地		300		新增，不含现状	万平方米
4	工业区		90	岛内 0		万平方米
				岛外 90		
5	物流仓储区		100			万平方米
6	基础设施各系统	轨道交通地下段	16.8		规划1号线	万立方米
7		地下公共停车	39	岛内 18	含现状；分布于其他城市用地中，不单独计入预测总规模	万立方米
				岛外 21		
8		市政管线综合隧道系统	340		干线长30千米，支线长70千米	万立方米
9		地下快速路	240	岛内 83	新增	万立方米
				岛外 157		
10	防空防灾系统		250		新增，不含现状不单独计入预测总规模	万平方米
11	各类地下贮库		100		新增	万立方米
12	总计	土层中	1400 ~ 2030		不含本表第7、8、9、10、11项	万平方米
		岩层中	680		只含本表第8、9、11项	万平方米

9.9 小结

厦门城市为海湾型和海岛型地质构造，地形地势及地质条件复杂，地质构造、地质灾害类型、地下水条件等要素多且变化差异性大，城市空间利用的类型和社会经济要素则相对简单，但地块和地形形状较复杂，因此比较适合采用栅格单元分析其自然条件影响及工程难度等级，而用矢量单元评估城市空间类型和区位等要素的影响和潜在价值等级。用栅格法和矢量法综合进行叠加分析计算，得到厦门市地下空间资源综合质量评估结果。两种单元划分方法对评估要素的表达和成果分析均可达到地下空间资源评估目标要求。在地质条件和经济、社会、环境因素综合作用下，地下空间资源可开发利用的综合质量最优区域主要分布在中心商业区、地铁枢纽站地区，在这些区域开发地下空间能够发挥出最大的经济效益、社会效益和环境效益，是地下空间开发利用的重点和发展源区域。

第 10 章　海口市地下空间资源调查评估与需求预测 [①]

10.1　地下空间资源调查评估方法

　　海口市地下空间资源调查评估所采用的方法与厦门相同，为影响要素逐项排除法和多因素综合评判法，通过自然条件、用地类型来判断地下空间的开发难度，通过需求分析判断地下空间开发价值，再将二者综合起来评定地下空间资源质量。根据城市规划对建筑密度、容积率的限制，采用有效系数折减法，将资源量的估算结果统一为建筑面积。

　　可供合理开发的资源包括地下空间资源调查得到的可以充分开发区域和可有限开发区域两部分。

　　可供有效开发的资源：根据对海口市地上地下空间状态调查统计，在地下空间资源可充分开发地区，其地面建筑密度一般可达到30%～40%，考虑部分地下空间可超出建筑基底轮廓范围，因此假定地下空间资源有效开发的平均占地密度浅层为40%，次浅层为20%。在不可充分开发地区，考虑过度开发对城市保护的负面影响，假定地下空间资源有效开发的平均占地密度为浅层10%，次浅层5%。因此，海口市地下空间有效资源量的估算系数见表10.1所列。

　　折合建筑面积估算：假定地下空间首选为建筑物的层高5米，则浅层地下空间建筑平均为两层，次浅层地下空间建筑平均为四层。

[①] 本章图片由北京清华同衡规划设计研究院提供。

海口市中心城区可供有效利用的地下空间资源量估算系数　　　表 10.1

用地分类	浅层		次浅层	
	厚度（米）	有效利用系数	厚度（米）	有效利用系数
文物保护建筑区	10	0	20	0.2
保留类高层建筑区	10	0	20	0
保留类多层建筑区	10	0	20	0.2
保留类低层建筑区	10	0	20	0.2
保留类工业区	10	0	20	0.2
改造类建筑区	10	0.4	20	0.2
广场用地	10	0.4	20	0.2
公共、公园、街头绿地	10	0.4	20	0.2
规划待建设用地	10	0.4	20	0.2
特殊用地	—	0	—	0
农林、农田、村庄用地	10	0	20	0
森林、生态、防护绿地	10	0	20	0
铁路、港口、普通仓储用地	10	0	20	0
水域	10	0	20	0
发展备用地	10	0.2	20	0.1

10.2　地下空间开发利用各指标描述

10.2.1　地形地貌

　　海口市属于海滨岗地，地势平缓，东部自南向北略有倾斜，西部自北向南倾斜，西北部和东南部高，中部南渡江沿岸低平，东和东北部为沿海小平原，境内最高处为马鞍岭，海拔 222.2 米，最低点为南渡江入海口，海拔 0.4 米。

　　规划区位于海南岛北端，北临琼州海峡，总的地势为西南高东北低，微向海倾斜。其地貌主要为新构造运动，特别是火山活动和海水、河流长期作用的结果，形成以火山岩台地、滨海阶地和滨海砂堤砂地、河流阶地、河口三角洲为主的地貌（图 10.1）。

　　除局部滨海、河岸、陡坎外，城市建设区内地形地貌较有利于地下空间开发利用。

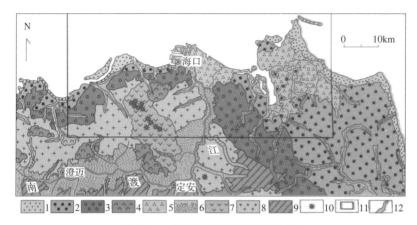

图 10.1 海口市规划区地貌划分图

1- 近期滨岸海相沉积物；2- 组成一级海相平台的海相沉积物；3- 组成二级海相平台分海相沉积物；
4- 红色黏土与砂混杂的海成堆积物；5- 三角洲泻湖沉积物；6- 河流冲积物；7- 晚期玄武岩；8- 早期
玄武岩；9- 发育于山前剥蚀平台上的残坡积物；10- 火山口；11- 规划大致范围；12- 河流

10.2.2 地质构造

规划区所在大地构造位置属于华南褶皱系（图 10.2），自晚第三纪以来，在喜马拉雅构造运动的影响下，区域新构造运动表现得十分强烈和醒目。主要表现形式有断陷作用、断裂活动、火山活动、地震活动和地壳差异升降运动。

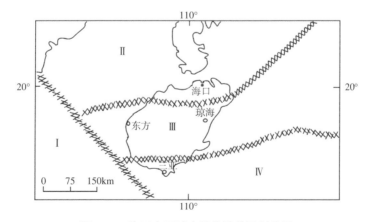

图 10.2 海口市区域大地构造单元划分图

Ⅰ 三江印支褶皱系；Ⅱ 华南褶皱系；Ⅲ 华南沿海华力西褶皱系；Ⅳ 南海地台

规划区位于新生代的雷琼断陷带南部的次一级构造单元—琼北凹陷。自第三纪以来，雷琼断陷经历了复杂的块体运动和断裂作用，伴随有多期次玄武岩喷溢，直至第四纪仍有较强烈的构造运动，属于次稳定地壳结构区，区内发育了近东西、北东和北西向三组断裂。

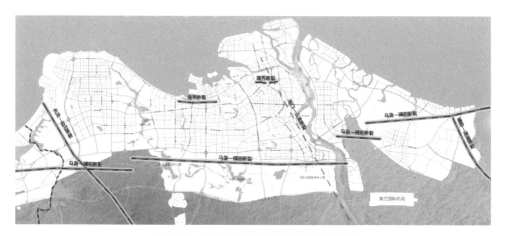

图 10.3　海口市规划区内断裂带分布图

规划区所在区域的地震构造背景较为复杂，活动断裂比较发育，是新构造活动较强烈的地区。规划区内的主要活动断裂包括有：马裒—铺前断裂、长流—仙沟断裂、海口—云龙断裂、铺前—清澜断裂等（图 10.3）。

（1）马裒—铺前断裂

该断裂是琼北海滨呈 NE80° 走向分布的隐伏断裂，陆上长度约 100 千米。马裒—铺前断裂是一条规模大、切割深的晚第四纪以来仍在活动的断裂。该断裂的分段差异和活动强度差异在走向上显示了东强西弱的特点，其中东、中段在全新世有活动，这与在断裂带上发生的历史地震及地震活动的强弱水平分段是一致的。在这条断裂带上，历史上发生了 1605 年琼山 7.5 级、1618 年老城 5.5 级、1913 年海口 5 级等破坏性地震。

（2）长流—仙沟断裂

该断裂位于海口市长流至定安县仙沟附近，由多条大致平行呈迭瓦状排列的断裂组成。主干断裂位于石山至雷虎岭一带，陆上长约 61 千米，向南东延伸至长昌煤矿附近，往北潜入琼州海峡。长流-仙沟断裂是云龙凸起与福山凹陷之间的边界深大断裂，主要活动期在第三纪，其后逐渐减弱，但该断裂在全新世早期仍有火山喷溢。自公元 1356 年有地震记载以来，断裂附近曾发生过 1618 年老城 5.5 级地震，说明长流—仙沟断裂主体属于全新世活动断裂，主要活动段是断裂中部石山—雷虎岭段，特别是与 NEE 向铺前—马袅断裂交汇的部位。长流—仙沟断裂带与区内晚更新世—全新世火山活动密切相关，但其未来的强震危险性及地震强度已降低。

（3）海口—云龙断裂

该断裂位于海口至云龙附近，属于正断层，长约 25 千米。地貌上该断裂北段基本上沿南渡江延伸，并控制了河流下游河谷及河口三角洲新生代地层，尤其是全新世地层的发育和分布。断裂西侧为起伏的丘陵，东侧为大片平原和南渡江下游的水网地，二者大致以断裂为界。在断裂附近，曾发生 1892 年云龙 5 级地震和 1913 年海口 5 级地震，推测这两次地震与海口—云龙断裂有密切关系，综合认为该断裂为早—中更新世活动断裂。

（4）铺前—清澜断裂

该断裂位于琼北东部铺前湾至清澜港附近，陆地上长约 60 千米，两端延伸入海域，往南海海域长度可达数百千米。该断裂陆上部分由数条长约 10 ～ 25 千米，呈雁行排列的断层组成，在大致坡以北分叉为两条，分别沿东寨港东、西两岸延伸，平面上呈 Y 形，断裂带的最大宽度达 11 千米。铺前—清澜断裂具有较长的发展历史，至少在中生代已存在，控制了新生代地层和火山活动的分布。新生代以来大规模基性岩浆喷溢活动基本上仅局限于该断裂带以西的地区。1605 年琼山 7.5 级地震的烈度线分布形态显示，铺前—清澜断裂是该次大地震的发震构造之一。从 1970 ～ 1997 年 ML2.0 ～ 5.0 级小震震中分布图可看出，近 20 余年该断裂两侧小震活动仍相当活跃，而且小震基本上沿断裂呈北西向排列，显示该断裂仍处于活动状态。该断裂东盘相对上升，西盘相对下降，属于一条全新世活动断裂。东寨港段活动强度最大，清澜港段次之，三江—文昌段较弱。

规划区场地内的活动断裂带为地下空间禁止开发区，应在确定断裂具体位置、走向的基础上，根据项目类型、断裂带性质选择足够的避让距离。

10.2.3　工程地质条件

根据岩、土体的工程地质特征和沉积生成顺序，在地表以下 100 米深度范围内，可大致划分为 5 个工程地质层，分别为人工填土、软质黏土、砂质土、硬质黏土、基岩，各岩土层分布不均，起伏较大，河流入海口及滨海区域分布有淤泥质软土。由于不同地质时期的火山活动，基岩出露位置不一。规划区内两条典型地质剖面示意图如图 10.4 和图 10.5 所示。

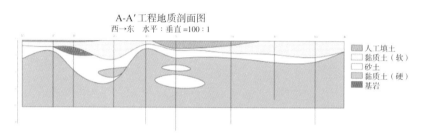

图 10.4　海口市规划区东西向典型地质剖面示意图

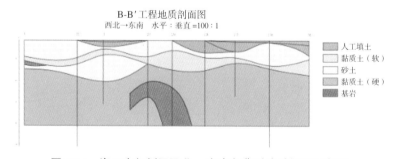

图 10.5　海口市规划区西北－东南向典型地质剖面示意图

规划区内，基岩出露区主要分布在西海岸新区南片区南部、滨江新城片区及周边地区，另外在金牛岭片区周边也有少量出露，基岩埋深等值线图如图 10.6 所示。

除基岩出露区、局部基岩浅埋区外，规划区内土质适合开挖，利于地下空间工程施工。

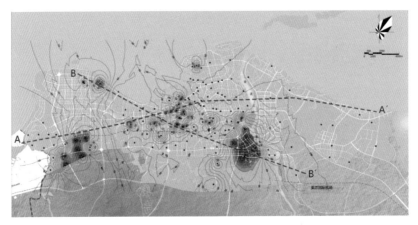

图 10.6　海口市规划区基岩埋深等值线图

10.2.4　水文地质条件

1. 含水层类型

（1）第四纪松散岩类孔隙潜水含水层

①潜水含水层：分布于新海、秀英、新埠等沿海地带的砂堤砂地、海积阶地和南渡江两岸的河流阶地。含水层岩性为灰白色、黄色中粗砂、中细砂和砂质粉土，厚度 2.36 ～ 11.15 米，水位埋深 1.30 ～ 9.20 米，单位涌水量 21.9 ～ 384.6 吨 / 日·米。

②半承压水含水层：该含水层除在浮陵水一带缺失外，其他地方都有分布。含水层岩性为砂砾石和含砾砂质粉土，富水等级为水量中等区。

（2）火山岩类裂隙孔洞水含水层

①裸露熔岩裂隙—孔洞水含水层：分布在石山、永兴、龙桥、龙塘一带，含水层岩性主要为气孔状玄武岩，在火山口及其附近高台区，常夹有熔渣状、蜂窝状玄武岩和火山角砾岩、集块岩。含水层厚度一般在 10.5 ～ 59.0 米，水位埋深变化大，富水性不均。

②熔岩裂隙—孔洞水含水层：分布于灵山至云龙和马村、颜春岭一带，含水层岩性一般为微孔状玄武岩，局部底部和中部夹火山碎屑岩。水位埋深一般为 1.45 ～ 4.50 米，富水性不均，单位涌水量在 7.3 ～ 78.5 吨 / 日·米。

（3）松散、固结岩类孔隙承压水含水层：自上而下分为七个含水层。

①第 1 层含水层（组）：除了马村—长流沿海地段和龙泉至云龙一带缺失外，其他地段均有分布。主要赋存在海口组第四段，岩性为灰黄色、灰色贝壳碎屑岩、砂砾岩。含水层厚度一般在 10 ~ 30 米，局部超过 40 米，富水性不均。

②第 2 承压含水层（组）：该层分布广泛，遍布全区。主要赋存在海口组第二段，局部赋存在海口组第三段夹层中，岩性主要为褐黄、褐红、肉红色贝壳沙砾岩、贝壳碎屑岩。含水层厚度 20 ~ 60 米，富水性受岩性和厚度控制，自南向北，一般富水性由弱变强，在沿海地带，富水性强，水量丰富。

③第 3、4 承压含水层（组）：除在云龙—龙塘一带缺失外，其他地方均有分布。岩性主要为绿、灰绿色中粗砂、粗砂、沙砾石等；含水层厚度一般在 40 ~ 80 米，自南东向北西变厚，在海口、秀英一带厚度最大，富水性强，水量丰富。

④第 5 承压含水层：赋存于长流组下部，岩性为松散的砂砾石、中粗砂、细砂。单位涌水量一般为 129.5 ~ 168.8 立方米 / 日·米，水温 42.5℃。

⑤第 6 承压含水层：赋存于玉沙村组上部，岩性为砂质粉土、砾质砂土。单位涌水量一般为 11.6 ~ 45.8 立方米 / 日·米，水温 39.5 ~ 43℃。

⑥第 7 承压含水层：赋存于玉沙村组中部，由 3 ~ 6 层含砾中粗砂组成。单位涌水量一般 67.4 ~ 103.3 立方米 / 日·米，水温 48 ~ 49℃。

2. 地下水补、径、排条件

（1）第四纪孔隙潜水

地下水以大气降雨渗入补给为主，一部分灌溉水补给，侧向还接受火山岩潜水补给，径流条件受地形控制，径流总方向由南向北，以片流和蒸发方式排泄。

（2）火山岩潜水

地下水以大气降雨补给为主，有部分地表水季节性补给，径流受地形控制，以泉和片流等方式排泄。

（3）孔隙承压水

孔隙承压水的补给主要来源于大气降水和潜水，以侧向排泄、垂向越流排泄和人工开采等方式排泄于琼州海峡、南渡江河谷—桂林洋等地。

（4）基岩裂隙水

基岩裂隙水的补给主要来源于大气降雨和上覆松散层孔隙潜水，其次为水库、河水的入渗补给，径流条件主要受断裂构造控制，沿断裂破碎带径流，以泉或片流方式排泄。

就地下空间开发而言，规划区内地下水对地下工程施工有着直接的影响，规划区浅层、次浅层地下空间开发主要受第四纪孔隙潜水影响，单井出水量一般较小，利于开发。

10.2.5 地质灾害情况

规划区内地质灾害主要发生在南渡江河岸近岸河段、北部海岸沿线以及西部、南部矿业开发生态较脆弱区，地质灾害类型主要为崩塌，包括河岸崩塌、海岸侵蚀崩塌、采石厂边坡崩塌、公路边坡崩塌等，未发现有滑坡、泥石流、地面塌陷、地裂缝等地质灾害。进行地下空间开发利用时应避开或治理场地影响范围内的地质灾害隐患。

在环境地质方面，规划区内分布的软土区域对地下空间开发利用存在不利影响，软土震陷区分布范围如图 10.7 所示，软土主要分布在新埠岛、海甸岛、核心海滨区，在江东组团有较大范围的分布，在长流组团有零星分布。在 8 度及以上地震作用时，规划区内部分软土区会产生中等—严重的震陷。软土震陷区地下空间容易塌陷，开发难度较大，成本较高，开发前需计算震陷量，采取严格的处理措施。

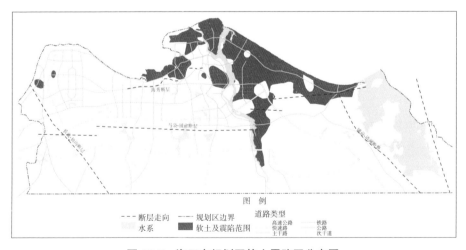

图 10.7　海口市规划区软土震陷区分布图

另外，在 8 度及以上地震作用时，长流组团，中心组团（海甸岛）及江东组团部分地区砂土会发生轻微—严重液化；在 7 度地震作用下，新埠岛、海甸岛北部和西部地区，以及规划区内局部地区有发生严重液化的可能，在砂土液化区内开发地下空间资源应适度（图 10.8）。

图 10.8　海口市规划区砂土液化分布图

10.3　地下空间资源分布状况

根据地质条件、城市建设现状条件及城市空间类型规划布局对地下空间资源可开发程度的影响，海口市地下空间资源按照可供合理开发的程度可划分为不可开发区、可有限开发区和可充分开发区三个类别，其中后二者属于可供合理开发利用的地下空间资源范畴。

（1）不可开发的地下空间资源

建筑物地基基础影响区域、对城市生态环境有重要影响的区域、水源保护地、文物及风貌保护区域、特殊用地、严重地质灾害等地区的地下空间资源应为规划不可开发或不宜开发的资源。

（2）可有限度开发的地下空间资源

建筑基础底面影响深度以下的深层空间、山体绿地、生态绿地、景区绿地、普通陆域水面等地下空间资源，根据城市实际需要严格和慎重控制总体规模，不可过度开发。

（3）可充分开发的地下空间资源

改造拆除重建地区、城市规划新增用地、未开发利用地下空间的城市道路、空地、广场和普通绿地、规划人工填土造地区域、采石区、机场、码头、铁路和仓储用地的次深层空间等。

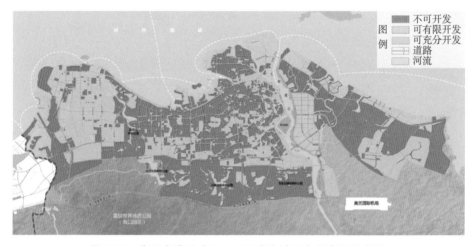

图 10.9　海口市浅层（0 ～ -10 米）地下空间资源分布图

浅层（0 ～ -10 米）不可开发地下空间地区为活动断裂带两侧各 100 米范围内，现状保留建筑基础下部空间、文物保护区、特殊用地、农林、农田、森林、防护绿地、铁路、港口等用地；可有限开发地区为砂土液化区，软土震陷区、断裂带两侧 100 ～ 200 米范围内；其他区域为可充分开发地区（图 10.9）。

次浅层（-10 ～ -30 米）不可开发地下空间地区为活动断裂带两侧各 100 米范围内，现状保留高层建筑基础下部空间、特殊用地、农林、农田、森林、防护绿地、铁路、港口等用地；可有限开发地区为砂土液化区，软土震陷区、断裂带两侧 100 ～ 200 米范围内；其他区域为可充分开发地区（图 10.10）。

图 10.10　海口市次浅层地下空间资源分布图（-10 ~ -30 米）

10.4　地下空间资源质量评估与可有效利用资源量估算

地下空间资源质量评估采用多因素综合评判法给出资源的质量分级（图 10.11，图 10.12）。

图 10.11　海口市浅层（0 ~ -10m）地下空间优质资源分布图

图 10.12 海口市次浅层（-10 ～ -30m）地下空间优质资源分布图

地下空间可提供实际有效利用资源量总计 11.9 亿立方米，其中浅层 5.4 亿立方米，次浅层 6.5 亿立方米。可折算建筑面积为 2.4 亿平方米，其中浅层 1.1 亿平方米，次浅层 1.3 亿平方米，各类城市用地地下空间资源量见表 10.2 所列。

地下空间优质资源 1843 万立方米，其中浅层 874 万立方米，次浅层 969 万立方米（表 10.3）。

<table>
<tr><td colspan="7" align="center">**各类用地地下空间资源量统计表**   表 10.2</td></tr>
<tr><td colspan="7" align="center">（单位：资源量万立方米，建筑面积万平方米）</td></tr>
</table>

地面用地	浅层			次浅层		
	合理开发量	有效利用量	折算建筑面积	合理开发量	有效利用量	折算建筑面积
保留类低层建筑区	0	0	0	25403	5081	1016
保留类多层建筑区	0	0	0	17554	3511	702
保留类高层建筑区	0	0	0	0	0	0
保留类工业区	0	0	0	11925	2385	477
发展备用地	5291	1058	212	10581	1058	212
改造类建筑区	14263	5705	1141	28525	5705	1141
公共、公园、街头绿地	32180	12872	2574	64360	12872	2574
广场用地	940	376	75	1881	376	75

续表

地面用地	浅层			次浅层		
	合理开发量	有效利用量	折算建筑面积	合理开发量	有效利用量	折算建筑面积
规划待建设用地	84128	33651	6730	168256	33651	6730
农林、农田、村庄用地	0	0	0	0	0	0
森林、生态、防护绿地	0	0	0	0	0	0
水域	0	0	0	0	0	0
特殊用地	0	0	0	0	0	0
铁路、港口、普通仓储用地	0	0	0	0	0	0
文物保护建筑区	0	0	0	3151	630	126
合计	136802	53663	10733	331637	65269	13054

地下空间资源量总表　　　　　　表 10.3

（单位：资源量万立方米，建筑面积万平方米）

等级	浅层			次浅层			合计		
	合理开发量	有效利用量	折算建筑面积	合理开发量	有效利用量	折算建筑面积	合理开发量	有效利用量	折算建筑面积
一级（优）	10925	4370	874	24234	4847	969	35160	9217	1843
二级（良）	9415	3766	753	19278	3856	771	28694	7622	1524
三级（中）	37283	14913	2983	89694	17939	3588	126977	32852	6570
四级（较差）	52931	21173	4235	137477	27495	5499	190408	48668	9734
五级（差）	26246	9440	1888	60954	11133	2227	87200	20573	4115
合计	136802	53663	10733	331637	65269	13054	468439	118932	23786

经评估得到，海口市地下空间优质资源分布在：城西片区、大英山片区、府城片区、高新片区、海甸岛片区、海甸溪北岸片区、海口市滨江新城、海秀片区、旧城片区、南渡江西岸片区、西海岸新区南片区、长秀片区。

10.5　地下空间需求预测

海口市在地下空间需求预测中综合应用了多种方法，首先是按区位、系统和城市功能对地下空间需求进行分类，再针对不同的功能需求采用相适应的预测方法。根据城市自身的发展特点，将海口地下空间需求量较大的主体分为九个大类，即：居住区、地下商业空间、城市广场和绿地、工业及仓储物流区、轨道交通、地下公共停车场、综合管廊和人防空间，再根据各项不同的特点，选取适当的系数和指标，按历年的平均发展速度推算出规划期内的发展量，结合规划布局，综合确定地下空间的需求量。

10.5.1 居住用地地下空间规模

居住区包括新建大型居住区、居住小区以及整片拆除重建的危旧房改造区。居住区地下空间开发利用需求的主要内容有：高层和多层居住建筑地下室，主要用于家庭防灾、贮藏和放置设备、管线；公共建筑地下室或地下公共建筑，用于餐饮、会所、物业管理、社区活动等公共服务设施，以及防灾、仓储等设施；地下停车设施；地下管线及综合管廊；地下市政和物流设施等。

城市居住区地下空间建筑需求量的估算基准依据如下：

①人口

根据《海口市城市总体规划》，2020 年海口市主城区常住人口 180 万，人均居住建筑面积取 39.42 平方米。根据《海口市统计年鉴 2010》，海口市城镇居民家庭的户均人口为 3.2 人。

②地下建筑比例

居住区公共建筑按照住宅建筑量的 15% 比例配套，按建筑规模的 20% 比例建设地下室。

③地下防灾空间

地下防灾空间取人均面积 1 平方米。

④地下停车空间

取户均 0.5 辆车，地下停车率 20%，每车占用建筑面积 35 平方米，则户均地下停车空间面积 3.5 平方米；

根据上述标准，每 100 万平方米新建居住建筑，可容纳 25367 人，7927 户。需地下防灾空间 2.5 万平方米，地下停车空间 2.7 万平方米，公共建筑地下空间

3 万平方米，总计地下空间需求量 8.2 万平方米，即相当于地面住房建筑规模的 8.2%。

（1）按居住区新增建筑量估算需求量

根据《海口市统计年鉴》数据，从 2006 年到 2010 年，海口市中心城区住宅竣工面积分别为 108.32 万、200.6 万、202.8 万、366.96 万、131.85 万平方米，2006 年到 2010 年竣工面积一直处于增长趋势，如果按 5 年平均住宅竣工面积推算，每年住宅竣工面积约为 202.11 万平方米，从 2011 年到 2020 年住房建设规模应为 2021.1 万平方米，另外 2011 年居住区地下建筑建设规模约为 22 万平方米。

因此，从 2012 年到 2020 年，居住区地下建筑建设规模应为：

2021.1 万平方米 ×0.082 −22 万平方米 = 143.73 万平方米。

（2）按人口增长规模估算需求量

统计资料表明，2011 年末海口市中心城区户籍人口 141 万人。根据城市总体规划，2020 年中心城区人口规模为 180 万人，则 2012 年到 2020 年人口增量为 180−141 = 39 万人。

根据人口增长量，从 2012 年到 2020 年，海口市中心城区居住区地下建筑建设规模应为：

39 万人 ×39.42 平方米 / 人 ×0.082=126.07 万平方米

以上两种方法推算的结果表明，按照《海口市城市总体规划》确定的人口发展目标，以及住宅建筑增量预测，从 2012 年到 2020 年建设规模预计在 126.07 ～ 143.73 万平方米。

10.5.2　地下商业空间开发规模

地下商业空间预测公式为：地下商业建筑规模 = 占地面积 × 地面建筑容积率 × 地下建筑与地上建筑规模比例（L），地上地下建筑比例根据现状地下商业面积及规划情况平均确定为 0.7。根据控制性详细规划中商业用地面积和对应的容积率测算，到 2020 年商业设施地下空间建设规模需求量约为 80 万平方米。其中重点商业区地下空间的开发规模如表 10.4 所列。

重点地下商业空间规模

表 10.4

序号	名称	地下商业规模（万平方米）
1	长流起步区中央商务经贸区	10
2	大英山中央商务区	18
3	万绿园地下人防商城	1.2
4	椰树门广场地下人防商城	2.3
5	龙昆南路地下人防商城	0.4
6	海口站地下商业综合体	0.8
7	新海口站地下商业综合体	1.5
8	江东组团地下商业综合体	2.0
9	金贸东路地下商业街	2.0
10	生生国际购物中心	2.0
11	望海国际广场	1.0
12	万国大都会	1.1
13	明珠广场	1.0
14	欢乐颂—海南农垦商业中心	1.4
15	宜心购物公园	1.2
16	万福隆	0.4
17	第一百货	0.1
18	国贸大润发	1.5
19	南国超市	0.5
20	上邦·商业广场	1.0
21	南亚广场半地下室	1.0
22	名门广场北区	0.2
23	天邑国际大厦地下一层	0.3
24	金外滩	0.3
25	伟达雅郡	0.5
26	海韵裕都	0.5
	合计	52.2

10.5.3 城市广场和绿地地下空间规模

新开发或再开发的广场，地下空间开发范围有的仅占广场的一部分，也有的全部开发，甚至达到广场面积的 2 ~ 3 倍。根据城市总体规划，2020 年规划范围内广场用地面积 69.14 万平方米（新增约 65 公顷）。按照开发利用地下空间 80% 计，共需开发地下空间 52 万平方米。

根据总体规划，到 2020 年，规划范围公共绿地面积 1912.1 公顷（新增 1397.6 公顷），按开发利用地下空间 5% 计，共需地下空间 69.9 万平方米。

10.5.4 工业区地下空间开发规模

综合海口现状工业用地的布局特征和发展潜力等因素，规划确定中心城区的工业用地主要分布在金盘工业区、老城开发区、海口药谷工业区、临空产业园区、永桂开发区。规划 2020 年工业用地为 1231.53 公顷，占城市建设用地的 5.88%，根据控规平均容积率 0.9（0.4 ~ 2.9）进行折算，到 2020 年建筑面积 1108.4 万平方米。

工业区中多为单层厂房，不适于利用地下空间，故主要应按防空防灾要求，适当开发地下空间，用于关键生产线的防护和重要设备、零部件的贮存。按建筑面积的 2% 计，则到 2020 年需要地下空间 22.2 万平方米。

10.5.5 仓储物流区地下空间规模

城市总体规划中，在工业区内部及工业区之间统筹安排工业仓储用地，逐步实现由企业单独设置仓储向整个工业区提供综合仓储服务的转变，促进仓储业的产业化发展。规划仓储用地面积约 782.62 公顷，根据控规平均容积率 0.7（0.5 ~ 1.5），到 2020 年建筑面积 547.8 万平方米。

仓储和物流区地下空间应按防空防灾要求用于贵重物资的安全贮存和部分货运车辆的防护。按用地面积的 5% 计，需开发地下空间 27.39 万平方米。

10.5.6 轨道交通开发规模

据轨道交通方案，远景主城区预留 6 条轨道线路，其中地下轨道线 53 千米，地下一般车站 16 座，地下枢纽站 6 座。

测算标准为隧道按两个独立的单洞，每个宽度 6 米。普通车站按宽度 24 米，长度 210 米，两层计算，建筑面积 1.008 万平方米；枢纽车站按宽度 26 米，长度 210 米，三层计算，建筑面积 1.64 万平方米计。

按以上测算标准，轨道交通隧道地下空间 63.6 万平方米，普通车站地下空间 16.13 万平方米，枢纽车站地下空间 9.84 万平方米。轨道交通地下空间规模约 9489.6 万平方米。

10.5.7 公共停车设施地下空间规模

依据《海口市城市综合交通体系规划》纲要对机动车公共停车设施的发展预测，参照国家有关标准，借鉴国内外同规模城市的停车需求测算方法，通过和其他相关预测模型的预测结果的校验，预测海口市 2020 年主城区公共停车缺口为 34470 个，通过地下停车解决 46% 的公共停车需求 15800 个车位，按每车位面积 35 平方米计算，地下公共停车面积 55.3 万平方米。

10.5.8 综合管廊规模

规划建设综合管廊 4 条，长度 34.8 千米，估算地下空间面积约为 23.3 万平方米（表 10.5）。

海口市规划综合管廊　　　　　　　　　　　　表 10.5

序号	位置	长度（千米）	断面宽度（米）	地下空间规模
1	长秀大道（粤海大道—长滨路）	4.3	5.25	2.2575
2	白龙北路—白龙南路—海府大道—琼州大道	7.4	7.15	5.291
3	凤翔西路—山高路—白水塘路	8.6	6.25	5.375
4	海盛路—海秀西路—海秀中路—国兴大道	14.5	7.15	10.3675
合计		34.8		23.291

10.5.9 人防工程规模

根据人防工程需求预测，至 2020 年海口市城区满足战时防护需求的人防工程需求量总计为 182.7 万平方米，这部分规模已包括在前面各项地下空间预测规模之中，不再单独计算。

10.5.10　海口市地下空间需求规模预测汇总

根据以上分项预测结果，地下空间需求量为545.8万~563.4万平方米，人均地下空间面积3平方米，人均人防工程面积1平方米。

具体预测结果见表10.6所列。

地下空间需求统计表

表10.6

序号	项目	地下空间需求量（万平方米）	备注
1	居住区	126.07 ~ 143.73	规划，不含现状
2	地下商业空间	80	含现状
3	城市广场	52	规划，不含现状
4	大型绿地	69.9	规划，不含现状
5	工业区	22.2	含现状
6	仓储物流区	27.39	含现状
7	轨道交通	89.6	规划
8	地下公共停车	55.3	规划，不含现状
9	综合管廊	23.3	规划
10	人防工程	182.7	含现状 不单独计入预测总规模
	总计	545.8 ~ 563.4	

第11章　丹阳市地下空间资源评估与需求预测 [①]

11.1　评估方法与技术选择

11.1.1　理论方法

在理论方法的选择上，丹阳的地下空间资源评估选择适合自然资源调查评估的要素分析与排除法和考虑多因素权重的层次分析法。

排除法确定可供合理开发利用的地下空间资源。通过对地下空间资源评估要素进行分析，划出不宜开发利用的地下空间，如不良工程和水文地质条件分布区、地下埋藏物占用区、已开发利用地下空间、建筑物基础制约区等，采取逐项排除的方法，获得可供合理开发的地下空间资源分布的空间位置及数量。

层次分析法评估地下空间资源的质量等级。影响城市地下空间质量等级的主要指标包括自然条件和社会经济条件，涵盖了工程地质、水文地质、开发深度、城市区位和交通等要素。

11.1.2　支撑技术

地下空间资源调查评估以完善的数据为基础，数据体系便于动态更新和适应宏观区域评估。该评估以遥感（RS）和地理信息系统（GIS）等信息化技术为平台，将评估要素建立 GIS 数据库，应用空间分析功能和理论模型程序对规划区域开展评估，大大提高了评估效率和准确度。

[①]　本章图片由作者绘制。

11.2 地下空间资源评估要素分析

11.2.1 自然条件对地下空间资源影响分析

1. 地下空间资源的总体物质环境——土层厚度、岩性和工程性质变化差异性分析

丹阳市地处市南平原向市北丘陵的过渡地带，地形呈北高南低的趋势，高者（黄海高程）10 米，低者 5 米，高差仅 5 米左右；北部略有起伏，南部地形平坦，沟塘、河流较多；地下潜水位浅，无任何基岩露头。

丹阳市区地质构造较为简单。丹阳所属大地构造为下扬子断块苏南—沟南沙块隆上。丹阳北部长江破碎带、西南部茅山断褶隆起带为主要影响断裂带，市区近郊仅有推测基底断裂通过，走向东西。

丹阳市区更新世至全新世位于古长江口，属长江冲积平原；晚更新世，丹阳市区范围内普遍沉积了坡积—冲积相的粉质黏土层，地面凹凸不平，沉积物质达 50 米。

2. 工程地质分区

1）阶地工程地质区

阶地工程地质主要沉积层以可硬塑状粉质黏土层为主，沉积厚度大，沉积时间相对较早，并经过后期切割，顶面坑洼不平。

阶地工程地质区可分为两个工程地质亚区。

（1）二级阶地工程地质亚区

本亚区在市区工程地质图中出露的有两个主要分布带。

①老城区—七里庙渡口一带。该带地势普遍较高，黄海标高多在 7 米以上，带宽约 1700 米，分布面积约 4.6 平方千米。

②由新筑云阳路向北经火车站至大泊周巷村。黄海标高在 7 ~ 9 米，带宽约 1300 米，分布面积约 4.2 平方千米。

二级阶地工程地质亚区的地质特点是沉积物形成时代相对较早，其沉积土层自上而下为棕褐色粉质黏土、黄色粉质黏土、棕色黏土、褐黄色黏土混角砾。该亚区土层中普遍存在粒度较粗的铁锰结核，团块状高岭土以及氧化铁等。土的结构细密，具有较高的强度（F_K=230 ~ 470kPa）和较低的压缩性，为不透水层。

二级阶地工程地质亚区由于其土的物理力学性质较好，是良好的建筑天然地基，适合于多层和高层建筑。

（2）一级阶地工程地质亚区

该区在市区工程地质图中出露范围较少，主要分布在二级阶地与河漫滩沉积相交接的过渡地带。

①朝阳新村—橡胶厂新厂区；

②东方红大桥—丹阳市职业中专；

③荆林蒋家村。

该亚区黄海标高一般在 6 米左右，分布面积仅 0.5 平方千米，都是城市新近发展用地。

一级阶地工程地质亚区地层时代晚于二级阶地，古地貌为一级阶地，沉积土层自上而下为棕色粉质黏土、黄色黏土、灰色淤泥质土。该亚区土层呈水平层理，一级阶地工程地质亚区土的物理力学指标稍好于河漫滩沉积同类土，但明显差于二级阶地。一级阶地工程地质亚区土的工程性质良好（$F_K = 100 \sim 220\text{kPa}$），特别是上部的可塑状粉质黏土层强度较好，沉积厚度可达 7 米左右，是多层建筑的良好地基和桩端持力层。

2）河漫滩工程地质区

河漫滩工程地质区只有一个亚区，即河漫滩工程地质亚区。该地质区在丹阳市区有着广泛分布，土层主要是由流塑状粉土、淤泥质土、淤泥、混炭等高压缩性软土组成，属软弱地基。古地貌呈冲沟或谷地，最长最宽的一条冲沟为下半村—丹凤北路—东方红大桥冲沟，沟长 4000 米左右、宽 500 米左右，最深处达 30 米左右。

河漫滩工程地质区地势相对较低，黄海标高多在 5.4 米左右。该地带大部分为农田，现新建住宅区多集中在这一地质区内。

河漫滩工程地质区沉积地貌为河漫滩，沉积土层自上而下为黄灰色的黏土、灰色淤泥质黏性土、灰色淤泥质粉土、淤泥质黏性土层土。河漫滩工程地质区土的含水量高，压缩性大，承载力低，易液化，是抗震防灾不利地段，不适于作多层以上的建筑地基。

3. 用地评定因子分析

（1）地基承载能力分析

通过丹阳市区的工程地质分析，根据有关资料将市区用地的地基承载标准列表（表 11.1）。

市区地基承载力表　　　　　　　　　　　　　　表 11.1

土质类型		承载标准（KPa）
河漫滩工程地质区	粉土	100 ~ 140
	淤泥质黏性土	60 ~ 80
	淤泥质粉土	70 ~ 100
	淤泥	40 ~ 60
一级阶地工程地质区	粉质黏土	220
	粉土	150 ~ 180
	淤泥质土	80 ~ 100
二级阶地工程地质区	黏性土	230 ~ 350
	黏土混角砾	400 ~ 470

（2）丹阳市市区用地范围内地下水埋深情况分析

丹阳市区范围内地下水埋深情况见表 11.2 所列。

地下水埋深表　　　　　　　　　　　　　　表 11.2

地质类型	地下水埋深（m）
河漫滩工程地质区	0.2 ~ 0.5
一级阶地亚区	1.5 ~ 2.0
二级阶地亚区	>2.0

（3）地震情况分析

丹阳市区在历史上没有发生过破坏性地震，但邻近及海域地震曾多次波及丹阳，影响较大。根据《中国地震动参数区划图》（GB 18306—2015），丹阳市全境的地震动峰值加速度为 0.10g。

根据丹阳市区实际情况，按抗震将其分为两大地段：

①抗震有利地段：丹阳市区阶地工程地质区表土以下为平坦、密实、均匀的中硬土，属建筑抗震有利地段。

②抗震不利地段：河漫滩工程地质区主要由高压缩性的淤泥质土组成，属软弱地基，并有轻微液化的可能，属建筑抗震不利地段。

从整体地形分析，市区地形走势平缓，坡度较小，不对建筑构成明显影响。

根据平原地区城市用地的评定原则，将市区的建设用地划分为三等六级，详见建设用地评定表 11.3 和图 11.1。

图 11.1　丹阳市建设用地评定图

城区用地分类　　　　　　　　　　　　　　　　表 11.3

土地等级	地基强度（吨/平方米）	地下水埋深（米）	特大洪水淹没程度	地貌类型	地面坡度	用地评定
I-1	> 20	> 2.0	超过特大洪水位	山麓平原或冲积阶地	< 10%	适宜修建用地
I-2	15 ～ 20	> 1.5	超过特大洪水位	山麓平原或自然堤	< 10%	适宜修建用地
II-1	10 ～ 15	1.0 ～ 1.5	超过特大洪水位	冲积平原	< 10%	适宜修建用地
II-2	10 ～ 15	1.0 ～ 1.5	超过特大洪水位	冲积平原	< 10%	适宜修建用地
III-1	< 10	< 1.0	特大洪水位受淹	洼地河漫滩	< 10%	采取一般措施可作为修建用地
III-2	< 10	< 1.0	特大洪水位受淹	洼地	< 10%	采取一般措施可作为修建用地

11.2.2　各类城市空间对地下空间资源影响分析

地下空间资源的开发利用必须遵守保护城市建设现有成果及适应城市空间规划需要的原则，具体表现在城市现状空间保护、保留、更新改造以及新规划空间类型对地下空间资源可开发程度的不同影响。

1. 地下埋藏物

地下埋藏物包括有价值的地下矿藏或地下文物，在地下空间开发中必须予以保护。地下埋藏物所在区域及其影响区域地下空间资源应予以保留，为后续地下矿藏的开采利用和地下文物的挖掘保护提供必要的条件。

经调查，本次规划区内无地下矿藏或地下文物等地下埋藏物。

2. 已开发利用的地下空间

已开发利用的地下空间包括交通隧道、管线沟等线形空间和地下人防工程、商业、娱乐、停车等地下建筑。交通隧道、管线沟等地下线形空间由管线空间及其周围一定尺度的保护空间组成。该部分地下空间不作为可供合理开发的地下空间资源。在管线的保护空间范围内开发地下空间，必须采取特殊的基础措施。已有地下建筑对周围岩土体的稳定性有很高的要求。为了保证已有建筑的安全性，其周围一定范围内不宜开发地下空间。一般情况下，当工程地质条件较好时，地下工程影响范围可假定为地下空间所占容量的 1.5 倍；工程地质条件较差时，其影响范围更大，应根据现状和地质条件确定影响比例。

规划区内可统计到的地下线形空间主要为各类管线沟，主要沿城市道路两侧分布；地下建筑包括地下人防设施及普通地下室，现状主要使用功能为停车、商业及文化娱乐等功能，如图 11.2 所示。

3. 地面建筑空间

地下空间开发范围须与原有建筑物保持一定的水平距离和垂直距离，使现有建筑物的空间范围不受侵犯，以保证建筑物地基基础及场地的安全。除规划拆除改造的建筑空间外，文物保护单位和文物建筑空间、城市风貌保护范围和其他保护保留建筑空间对潜在的地下空间资源开发形成制约。就丹阳市而言，在建筑空间内，可供合理开发利用地下空间资源的范围是：

（1）城市规划新增待建设用地的下部空间；

（2）城市规划拟拆除的原有建筑物、构筑物区域的下部空间；

（3）保护保留建筑物、构筑物基础底面以下安全影响范围以外的地层空间。

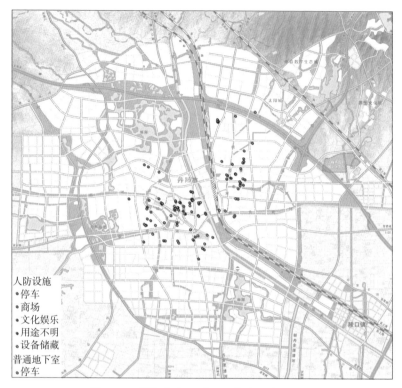

人防设施
• 停车
• 商场
• 文化娱乐
• 用途不明
• 设备储藏
普通地下室
• 停车

图 11.2　丹阳市中心城区现状地下空间分布

4. 开敞空间

（1）一般开敞空间：道路、广场、空地等非建筑空间。

①在现状道路下开发利用地下空间须保护原有市政管线、地下过街通道、地下街等设施；或利用原设施改造时机进行综合再开发，形成新的地下综合空间。

②新规划道路是可充分开发利用的优质地下空间资源，可作为市政管线及综合廊道、地下人行通道、地下机动车道、地铁、地下街、地下停车等空间。

③广场、空地是条件最优越、最适宜开发利用地下空间的地段。一般结合地面功能需要，作为地下公共服务设施（商场、地下街、文化娱乐、体育、餐饮、维修、便利店、超市等）、地下市政设施和地下停车等空间。

（2）生态开敞空间：水面、山体以及生态效应显著的绿地等非建筑空间。

为了保证生态效益空间的需要，除了要对这类开敞空间的地面建设进行严格限制外，还应对地下空间开发利用的功能、规模、深度等的合理性及与地面空间的协调提出规划和控制要求，禁止开发与生态保护功能不符的地下空间类型或超规模开发。

考虑对绿地覆土厚度、排水要求和地下生物通道等环境要求以及保持良好生态效应的要求，绿地可分为保护性绿地和一般性绿地。对生态绿地、防护绿地、古树名木等保护性绿地，地下空间在开发时应严格控制开发比例，并避让绿地根系生长所必需的地下空间。规划区内有一级古树 4 株，二级古树 2 株，位于老城区（图 11.3）。

图 11.3　丹阳市古树分布

水面地下空间资源丰富，但考虑在水体下地下空间通风及出入口设置不便，防水难度较大，以及保持水体的自然生态效应需要，水面下地下空间主要应保证城市市政交通等必要的基础设施建设需要，严格控制其他功能的地下空间开发比例。

5. 特殊空间

包括特殊用地、采石区和矿区等，总体上这类地区属于特殊和内部使用，不便也不必要开发为城市公共功能服务的地下空间。

6. 自然和人文资源保护空间

评估区内自然及人文资源包括省市文物、古树共 48 处，旧城历史风貌保护区 1.2 平方千米；山岭、水面、绿地等自然生态性质地区约 70.5 平方千米。在保护控制范围内，限于为保护自然及人文资源，或为功能需要进行有针对性的地下空间资源开发利用，不宜开发除功能完善目的之外和影响保护要求的地下空间。当保护范围内确需添加和改造工程时，宜优先考虑利用地下空间。

11.2.3　城市经济社会需求特征与价值影响分析

根据城市的空间区位、地价和用地功能三个不同方面的评价指标，通过评估地下空间需求的性质和强度，对地下空间的潜在开发价值和资源优势进行排序。

1. 空间吸引区位分布与分级

空间吸引区位是在城市土地的区位评价体系中起决定作用空间区位，城市中的商业中心、行政中心、交通枢纽等都可以看作是空间吸引点，其周围的土地价值随着它们与这些点相对应的联络时间和距离的增长而递减，而土地价值的高低对地下空间资源开发的经济价值有直接影响。

（1）商业中心

城市商业中心往往是地租最高的区位。在土地条件均质的假设下，以商业中心为圆心的土地地租波动范围呈同心圆形，从圆心向外逐渐衰减；在一定范围之外，商业中心对地租的影响消失。城市包含了多级商业中心，市级商业中心的影响范围最大，区级次之，更低级别的商业中心影响范围很小，在地下空间资源开发潜在的经济价值评价中可不予考虑。

由于商业中心是城市地价的峰值区和交通可达性高地带，在商业中心开发地下空间，不仅可以扩大城市容量，提高土地利用效率，而且经济效益高。同时，结合地下交通、地下综合体的建设进行人车分流，改善地面环境，能取得很高的社会和环境效益。

（2）城市公共服务中心

城市公共服务中心往往占据城市中地理位置较佳、地价较高的区域，环境质量、城市风貌、公共空间质量较高，是城市的重要吸引点，对地下空间的需求以提高服务效率、保障环境质量为主，经济效益潜力较大，开发地下空间的潜在价值较高。

（3）交通枢纽

城市交通枢纽具有显著的空间集聚效应，对附近地区的地租、人流、空间复杂性与规模有明显的提升作用，推动周边地区地下空间开发。

根据对地下空间资源的影响和实际可有效利用程度，以大型公共建筑密集区、商业密集区、城市公共交通枢纽为吸引点，将城市空间吸引区位分成五级，如表11.4和图11.4所示。

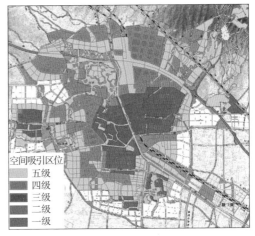

图 11.4　丹阳市空间吸引区位分布图

丹阳市空间吸引区位分布　　　　　　　　表 11.4

区位级别	分布范围区域	评估因子
一级	市级行政、商业中心，重要交通枢纽	5
二级	组团片区行政、商业中心；市级行政、商业中心周边地区	4
三级	二环路内部；组团片区行政、商业中心周边地区	3
四级	二环路外现状建成区	2
五级	远期规划用地中的其他用地及水域	1

2. 地价分布与分级

地下空间资源是对城市土地资源的延伸和拓展，对土地空间资源具有增容和集聚效应。地价水平与空间区位级别、地下空间可创造的土地资源预期附加值正相关。根据《丹阳市市区土地级别及基准地价图》，将评估区域地价分为五个级别：以新民路、云阳路为轴，西达画院路，东至云阳大桥，该片区是市区中心，为一级地，此后二级至五级土地呈年轮状依次向四周扩展分布。以京杭运河为界，分河西旧城与河东新区，河西在北环路、西环路、南二环路以内的为二级或三级地，其中内城河、西环路、南环路、分洪道以内的基本为二级地；河东目前尚无一级土地，丹界路、齐梁路、八纬路、北二环路以内为二、三、四级土地，其中火车站以南中山路、云阳路、东方路、京杭大运河围成的土地均为二级土地，三级土地向外扩展至九曲河、凤凰路、迎春路、港口东路，其他则为四级地（表 11.5，图 11.5）。

丹阳市区基准地价（2002 年）（元／平方米） 表 11.5			
级别	商业	住宅	工业
一级	2050	900	460
二级	1500	700	400
三级	900	560	300
四级	560	400	220
五级	360	320	180

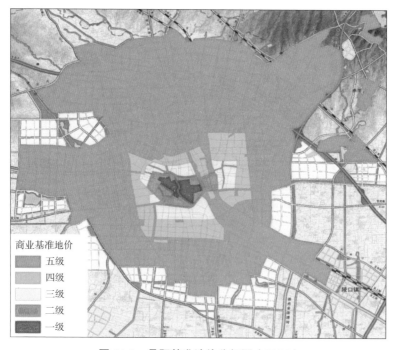

图 11.5　丹阳基准地价分级图（2002）

3. 用地功能与分级

将用地功能对地下空间资源潜在开发价值的影响分为五类，见表 11.6 所列。

城市用地功能与地下空间资源潜在开发价值分类及评价指标　表 11.6

用地等级	用地性质类型	地下空间潜在开发价值	评估指标值
一级	行政办公用地、商业金融业用地、文化娱乐休闲中心用地	总体为优	1.0
二级	对外交通用地、道路广场用地、公共绿地	商业价值一般较高，社会效益高，环境效益也较高；总体为良	0.8
三级	高密度居住用地；市政公用设施用地；文教体卫用地	商业价值一般，社会和环境效益高；总体为良	0.6
四级	低密度居住用地	需求量较低；总体为一般	0.4
	特殊用地、工业用地、仓储用地	以自用为主，满足功能或生产特殊需要；总体为一般	
	生产防护绿地、林地/山体、陆域水面	商业价值较低，环境效益较高，或有特殊的社会效益，单体价值较高，总体为一般	
五级	生态绿地、独立工矿用地、中心镇用地	各类价值很难实现，总体开发价值较差	0.2

11.3　地下空间资源调查

11.3.1　地下空间资源分布

在地质条件综合评价的基础上，再排除自然及人文资源保护、现状建筑及设施保护，以及规划特殊用地的制约范围，可得到地下空间资源可供合理开发的范围。综合 11.2 节的各类要素分析，地下空间资源分布统计基于以下标准确定：

（1）已开发地下空间和地下埋藏物

为保证已开发地下空间的使用功能及结构安全性，现状地下空间周围岩土体须保持较好的稳定性，对已开发地下空间的地块，其相应深度的空间范围不计入潜在地下空间资源容量。地下埋藏物占据的空间也不计入潜在地下空间资源容量。

（2）地面空间形态

已经开发建设的地块根据建筑高度确定地下空间资源容量：地层建筑地面下10米内、多层建筑地面下30米内、高层建筑地面下全部空间不计入潜在地下空间资源容量。但对于待拆迁改造的区域，如无特殊情况全部地下空间均计入潜在地下空间容量。

城市广场除特殊要求外均计入潜在地下空间容量。

城市绿地主要考虑植被对覆土厚度的要求，如无特殊情况将地下10米以下的地下空间计入潜在地下空间容量。

水域平均影响深度设定为水面下10米。

地面空间形态对地下空间资源的影响深度汇总如图11.6所示。

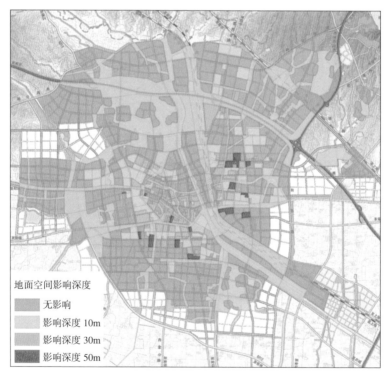

图11.6 丹阳市地面空间形态对地下空间资源影响汇总图

根据以上分析得出地下空间资源分布统计汇总见表11.7所列。

丹阳市地下空间资源分布统计表　　　　　　　　表 11.7

层次	地下空间资源总量 （亿立方米）	可供合理开发的空间资源量 （亿立方米）	可供合理开发资源容量占资源 总蕴藏量比例
浅层	1.52	0.62	41%
次浅层	3.05	2.87	94%
次深层	3.05	3.02	99%
深层	7.61	7.61	100%
合计	15.23	14.12	93%

11.3.2　地下空间资源适宜性

　　根据地质条件、城市建设现状条件及城市空间规划布局对地下空间资源可开发程度的影响，将地下空间资源按照可合理开发的程度划分为不适宜开发、可有限开发和适宜开发三个类别，其中后两者属于可供合理开发利用的地下空间资源范畴。

　　（1）不适宜开发的地下空间资源

　　已开发地下空间区域；建筑物地基基础影响区域，包括现状高层建筑（旧城改造区除外）、新建多层建筑影响区域；对城市生态环境有重要影响的区域、水源保护地，包括练湖生态湿地、丹西生态湿地、南湖生态湿地等；文物及风貌保护区域：三城巷石刻保护区；特殊用地、地质灾害影响区。

　　（2）可有限开发的地下空间资源

　　山体绿地、生态绿地、景区绿地、普通陆域水面等地下空间，根据城市实际需要控制总体规模，不可过度开发。这几类地区以及规划人工填土造地区域、采石区、码头、铁路和仓储用地的地下空间资源可有限度地进行次深层次及深层次地下空间开发。

　　（3）适宜开发的地下空间资源

　　旧城改造拆除重建地区、城市规划新增用地、未开发利用地下空间的城市道路、空地、广场和普通绿地，该几类地下空间资源在没有不良地质条件影响时可作为浅层、次浅层地下空间开发的重要资源，亦可进行次深层次及深层次地下空间开发。

　　评价单元结合丹阳市城乡一体化规划的地块单元和丹阳市近期遥感影像图的现状用地类型分布确定。通过目视解译遥感影像图，并比对丹阳市近期遥感影像图、丹阳市城乡一体化规划图、丹阳市旧城改造地块划分图的方法，对丹阳市地下空间资源的适宜性进行评价，评价结果如图11.7所示。

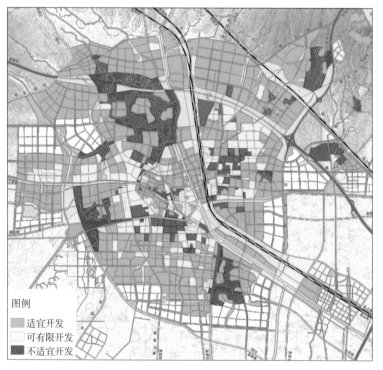

图 11.7　丹阳市地下空间资源适宜性评价

11.4　地下空间资源质量评估

11.4.1　地下空间资源的工程难度分级

　　根据地质条件工程难度分区的结果，对地下空间资源的工程难度进行分级。其中一级、二级土地对应地下空间资源工程难度较小，为一级；三级土地对应地下空间资源工程难度略大，为二级，如图11.8所示。

图例
一级
二级

图 11.8　丹阳市地下空间资源工程难度分级

11.4.2　地下空间资源的潜在开发价值分级

根据空间区位、交通规划、地价分布和城市用地功能布局条件，规划区可供合理开发的地下空间资源（不含道路地下空间资源）按其开发利用的潜在经济价值分为四个等级，如图 11.9 所示。

11.4.3　地下空间资源质量综合评价

以工程难度与潜在经济价值评估结果为二级指标进行评估计算，将各地块的地下空间资源质量得分进行归一化，0 ~ 1 区间进行五个等级均分，浅层和次浅层的得分均介于 0.4 ~ 1.0 之间，即处于一至三级之间；浅层以下有部分区域为四级，没有五级的区域。各层次地下空间资源质量评价如图 11.10 ~ 图 11.12，表 11.8 所示。

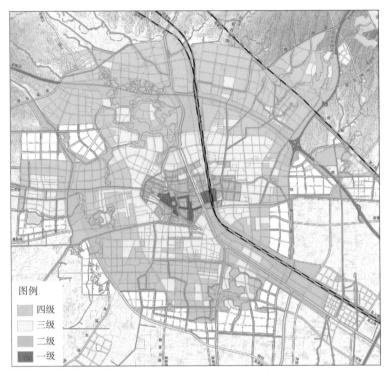

图 11.9　丹阳市地下空间资源潜在开发价值分级

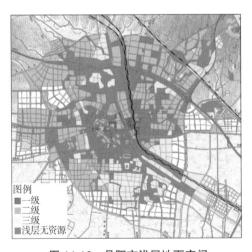

图 11.10　丹阳市浅层地下空间
资源质量评估图

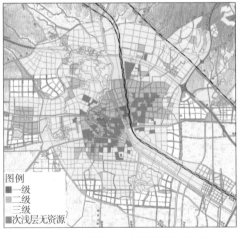

图 11.11　丹阳市次浅层地下空间
资源质量评估图

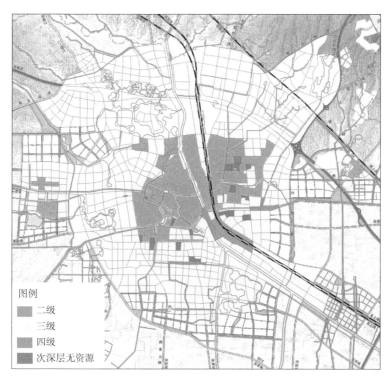

图 11.12　丹阳市次深层地下空间资源质量评估图

丹阳市地下空间资源质量评价表　　　　　　　表 11.8

等级	浅层		次浅层		次深层	
	面积（平方千米）	比例	面积（平方千米）	比例	面积（平方千米）	比例
一级	1.36	0.89%	0.44	0.29%	0	0
二级	59.06	38.83%	27.57	18.12%	19.27	12.67%
三级	24.18	15.90%	115.29	75.80	127.41	83.76%
四级	0	0	0	0	3.99	2.62%
无资源	67.51	44.38%	8.81	5.79%	1.45	0.95%

11.4.4　可供有效利用的地下空间资源量估算

在适宜开发地区，建筑密度一般在 30% ～ 40% 之间，再考虑部分地下空间可超出一般建筑密度的范围，假定地下空间资源有效开发的平均占地密度为浅层40%，次浅层20%；在可有限开发地区，假定地下空间资源有效开发的平均占地密度为浅层20%，次浅层为10%。不宜开发地区仅考虑建设必要的交通和市政管线设施，暂不做统计。规划评估范围内可供有效利用的地下空间资源量估算值见表11.9所列。

丹阳市地下空间资源质量估算表   表11.9

	浅层 （0～10米）	次浅层 （10～30米）	次深层 （30～50米）	合计
总面积（平方千米）	152.11	152.11	152.11	152.11
地下空间资源总量（亿立方米）	15.21	30.42	30.42	152.11
已开发和占用量（亿立方米）	6.75	1.76	0.29	8.80
可合理开发资源量（亿立方米）	8.38	24.53	25.19	121.13
可有效利用资源量（亿立方米）	3.08	3.95	2.02	9.05

11.5 地下空间资源评估结论

丹阳市地下空间资源分布范围较广，总体容量较为丰富：可供有效利用的地下空间资源总量达到9.046亿立方米，折合建筑面积1.81亿平方米，其中浅层6200万平方米，次浅层7900万平方米，浅层、次浅层单位土地地下空间资源可有效利用量为92.7万平方米/平方千米。

高质量（一级和二级）地下空间资源分布面积浅层6041公顷，次浅层2801公顷，地下空间资源潜力充足，但总体上有限，尤其一级资源，必须合理规划、引导和控制，有序开发。

从总体上看，丹阳城市地下空间资源分布不均衡，价值和质量等级较高的地段均分布在城市各类中心区位，以新民路—城河路商业区、火车站—眼镜城商业区为典型地段。城市改造区和新区是地下公共空间的发展源，应对这类地区的地下空间资源进行整体规划控制和保护，为长期发展预留条件。

11.6   地下空间开发规模预测

11.6.1   居住用地

（1）预测基准

①人均居住面积：45 平方米（2007 年丹阳市房地产市场调查研究报告中为 43.2 平方米）。

②人均地下防灾空间：1.2 平方米。

③停车空间：根据《丹阳城市交通综合规划》配建停车指标以及《丹阳市城乡一体化规划》布局原则，同时考虑近年来丹阳城市建设的实际情况，取户均 1 辆车，地下停车率 70%，每车占用建筑面积 30 平方米，则户均地下停车空间面积 21 平方米，人均 7.18 平方米（第六次全国人口普查数据 2.93 人 / 户）。

④配套公建地下室：居住区公共建筑按照住宅建筑量的 15% 比例配套，按建筑规模的 20% 比例建设地下室，人均 1.35 平方米。

以上空间合计 9.73 平方米 / 人。

（2）人口预测

2009 年丹阳中心城区人口为 32.4 万人。根据《丹阳市城乡一体化规划》预测，2015 年中心城区人口规模为 40 万人，2030 年达到 56 万人。由此推算 2013 年人口为 37.3 万人，2020 年人口为 44.7 万人。

2013 年到 2015 年，城镇人口增加量为 40-37.3 = 2.7 万人；

2016 年到 2020 年，城镇人口增加量为 44.7-40 = 4.7 万人；

2021 年到 2030 年，城镇人口增加量为 56-44.7 = 11.3 万人。

（3）预测结果

根据人口增长量，丹阳市中心城区居住区地下建筑建设规模为：

从 2013 年到 2015 年地下建筑建设规模 26.27 万平方米；

从 2016 年到 2020 年地下建筑建设规模 45.73 万平方米；

从 2021 年到 2030 年地下建筑建设规模 109.95 万平方米。

11.6.2 公共设施用地

（1）预测基准

2008 年中心城区公共设施用地 272 公顷；

2030 年中心城区公共设施用地 2275 公顷；

推算中心城区公共设施用地：2013 年 441 公顷，2015 年 535 公顷，2020 年 867 公顷。

考虑开发利用地下空间的公共设施用地包括行政办公（A1）、文化（A2）、教育科研（A3）、体育（A4）、医疗卫生（A5）、商业金融（B）。估算公式应为：

公共设施地下建筑规模 = 公共设施用地规模 × 地面建筑容积率（R）× 地下建筑与地上建筑规模比例（L）

（2）预测结果

各类公共设施用地的地下空间开发规模预测结果见表 11.10 所列。

公共设施用地地下空间开发规模预测表　　　　　表 11.10

公共设施用地类型	用地增量（公顷）			容积率 R	地下与地上建筑比例 L	地下建筑增量（万平方米）			
	2015 年	2020 年	2030 年			2015 年	2020 年	2030 年	合计
行政办公 A1	29.40	103.91	441.36	1.6	0.15	7.06	24.94	105.93	137.92
文化设施 A2	3.48	12.30	52.26	1.1	0.20	0.77	2.71	11.50	14.97
教育科研 A3	14.87	52.56	223.25	0.4	0.10	0.59	2.10	8.93	11.63
体育 A4	1.85	6.53	27.74	0.5	0.20	0.18	0.65	2.77	3.61
医疗卫生 A5	10.38	36.69	155.85	1.5	0.10	1.56	5.50	23.38	30.44
商业服务业 B	32.82	115.99	492.69	1.8	0.20	11.82	41.76	177.37	230.94
总计	92.80	327.97	1393.15	—	—	21.98	77.66	329.88	429.51

11.6.3 工业和仓储物流用地

（1）预测基准

2008 年中心城区工业用地 1167 公顷，仓储用地 21 公顷。

2030 年中心城区工业用地 3365 公顷，仓储用地 242 公顷。

推算中心城区工业用地：2013 年 1484 公顷，2015 年 1634 公顷，2020 年 2078 公顷。

推算中心城区仓储物流用地：2013 年 36 公顷，2015 年 45 公顷，2020 年 79 公顷。

工业用地主要应按防空防灾要求适当开发地下空间，用于关键生产线的防护和重要设备、零部件的贮存，按用地面积 5% 计。

仓储物流区地下空间应按防空防灾要求用于贵重物资的安全贮存和部分货运车辆的防护。按用地面积 10% 计。

（2）预测结果

工业和仓储物流用地的地下空间开发规模预测结果见表 11.11 所列。

丹阳市工业和仓储物流用地地下空间开发规模预测表　　　　表 11.11

用地类型	用地增量（公顷）			地下建筑增量（万平方米）			
	2015 年	2020 年	2030 年	2015 年	2020 年	2030 年	合计
工业用地 M	150	444	1287	7.50	22.20	64.35	94.05
仓储物流 W	9	34	163	0.90	3.40	16.30	20.60

11.6.4　其他类型地下空间

其他类型地下空间包括地下管线、地下停车、防空防灾等用途，这些需求列入相应的用地主体功能之中，不再单独计算和统计。

11.6.5　地下空间开发规模预测汇总

综上，各类地下空间开发规模预测汇总见表 11.12 所列。

丹阳市地下空间开发规模预测汇总表　　　　表 11.12

用地类型	地下建筑增量（万平方米）			
	2015 年	2020 年	2030 年	合计
居住 R	26.27	45.73	109.95	181.95
行政办公 A1	7.06	24.94	105.93	137.92

续表

用地类型	地下建筑增量（万平方米）			
	2015 年	2020 年	2030 年	合计
文化设施 A2	0.77	2.71	11.50	14.97
教育科研等 A3	0.59	2.10	8.93	11.63
体育 A4	0.18	0.65	2.77	3.61
医疗卫生 A5	1.56	5.50	23.38	30.44
商业服务业 B	11.82	41.76	177.37	230.94
工业用地 M	7.50	22.20	64.35	94.05
仓储物流 W	0.90	3.40	16.30	20.60
合计	56.65	148.99	520.48	726.11

11.7 地下空间需求与供给分析

将地下空间资源评估和地下空间开发规模预测的结果表 11.9 和表 11.12 进行对比，得到表 11.13。

丹阳市地下空间开发规模预测汇总表

表 11.13

用地类型	地下空间资源量（万平方米）			到 2030 年需求增量（万平方米）	浅层供需比
	浅层	次浅层	合计		
居住 R	2028.57	2309.41	4337.98	181.95	11.1
公共 A/B	1416.84	1457.75	2874.59	429.51	3.3
工业 M	2250.29	2473.91	4724.21	94.05	23.9
仓储物流 W	166.93	193.41	360.34	20.60	8.1
合计	5862.63	6434.49	12297.11	726.11	8.1

由表 11.13 可见，丹阳市地下空间资源的供需比较大，从总量上看，浅层地下空间即可满足各类地下空间利用的开发需求。因此，地下空间开发利用应以浅层为主，对局部地下空间开发需求强烈的区域，可适当开发次浅层或更深的地下空间。

第12章　昆明市地下空间资源评估与需求预测 [1]

12.1　地下空间资源评估

12.1.1　地下空间资源质量评估

昆明市地下空间资源评估所采用的方法与前几例类似，在此不再详述，只给出资源评估的结论（图 12.1，图 12.2）。

图 12.1　昆明市浅层（0 ~ -10 米）
地下空间资源综合评估图

图 12.2　昆明市次浅层（-10 ~ -30 米）
地下空间资源综合评估图

---

① 本章图片由北京清华同衡规划设计研究院提供。

（1）适宜开发地区

主要分布在昆明市中南地区以及东北地区，该区有旧城改造以及更多开敞空间、城镇建设等有利条件。

（2）基本适宜开发地区

主要分布在昆明市中部、西北部地区以及东北部地区，该区主要有水源二级乙保护区、生态环境控制区、地质灾害相对不严重区等制约因素。

（3）不适宜开发地区

主要分布在昆明市的北部以及环绕滇池地区，主要有断裂带影响、地下矿藏开发区、生态敏感区、地质灾害严重区、水源二级甲保护区、饮用水水源保护区、历史文化保护地区、老城区历史保护区等限制性因素。

12.1.2　地下空间资源量估算

（1）可供有效开发的地下空间资源量

根据地上地下空间状态调查统计，在地下空间资源可充分开发的地区，其地面建筑密度一般可达到30% ~ 40%之间，考虑部分地下空间可超出建筑基底轮廓范围，因此假定地下空间资源有效开发的平均占地密度：浅层为40%，次浅层20%。

在不可充分开发的地区，考虑过度开发对城市保护的负面影响，假定地下空间资源有效开发的平均占地密度为：浅层10%，次浅层5%。不可开发的地下空间资源不计入潜在可开发的资源量。

（2）折合建筑面积估算

假定地下空间建筑物的平均层高为5米，则浅层地下空间建筑平均为两层，次浅层地下空间建筑平均为四层，地块内部可供有效利用的地下空间资源量估算结果如表12.1所列。

（3）道路地下空间有效开发资源量

道路地下空间的有效开发受到道路现状、已有地下设施、施工条件和道路权属等影响。假定道路地下空间的浅层有效开发比例为40%，次浅层为20%，地下空间按建筑估算平均高度为5米，则道路下的地下空间潜在资源容量如表12.1所列。

昆明市地下空间资源综合评估结果　　　　　　表 12.1

用地性质	浅层			次浅层		
	可合理开发利用量（万立方米）	可有效开发利用量（万立方米）	可折算建筑面积（万平方米）	可合理开发利用量（万立方米）	可有效开发利用量（万立方米）	可折算建筑面积（万平方米）
居住用地	214015	85606	6694	176240	35046	7009
公共设施用地	101918	40767	8153	203836	40767	8153
工业用地	36685	14674	2935	73369	14674	2682
仓储用地	18933	0	0	37865	0	0
对外交通用地	25325	0	0	50651	0	0
广场用地	1823	729	146	3646	729	146
市政公用设施用地	17929	7171	1434	35857	7171	1434
特殊用地	16312	0	0	32625	0	0
绿地	79187	7919	1584	158373	7919	1584
水域	7687	0	0	15374	769	154
其他用地	15761	6304	1261	31521	6304	1261
合计	535573	111036	22208	819357	113379	22313
城市道路以下区域	1197579	479032	95806	2395158	479032	95806
总计	1733152	590068	118014	3214515	592411	118119

12.2　地下空间需求预测

12.2.1　理论模型

地下空间需求与许多因素有关，如地块区位、用地性质、地面建设强度、现状地下空间、人口状况、单位面积产出等，这些因素分别用 x_1, x_2, x_3, …, x_m 表示，以研究区域内的每个地块为计算单位，需求函数表示为：

$$\phi = \sum_{i=1}^{n} f_i(x_1, x_2, x_3 \cdots, x_m)$$

其中，x_m 表示影响因子，n 为分析区域内地块的总量。

（1）用因子分析法对二十多个影响地下空间需求的因素进行分析，得到特征根大于 1 的 5 个最大的因素为：地面容积率、土地利用性质、区位、轨道交通和地下空间现状。它们占总差的74.6%，故可以用五个因素来反映地下空间的需求量。由于该评估过程中没有取得控规指标数据，因此不考虑地面容积率，将影响因素归结为区位、土地利用性质、轨道交通和地下空间现状，分别用 y_1，y_2，y_3，y_4 表示，需求函数如下：

$$\phi = \sum_{i=1}^{n} h_i \left(y_1,\ y_2,\ y_3,\ y_4 \right)$$

其中，n 为分析区域内地块的总量。

（2）对这四个要素按规划和现状两个层面进行分析：首先，根据每个地块的规划区位和规划土地利用性质进行需求分级，对每个级别所对应的需求强度根据规划进行专家系统经验赋值；然后，根据每个地块的需求级别和需求强度计算每个地块的地下空间需求量，把每个地块的需求量叠加起来得出地下空间理论需求量；最后根据地下空间现状进行校正，用理论需求量减去地下空间现状数量得出地下空间实际需求量。

12.2.2 地下空间开发强度区位划分

综合考虑《昆明市城市总体规划》《昆明商业发展布局规划》《昆明市轨道交通规划》等内容，按照对中心城区地下空间开发需求的强弱需求趋势，将中心城区可开发的地下空间按区位因素划分为三级，见表12.2所列。

昆明市中心城区地下空间需求区位划分

表 12.2

区位等级	一级	二级	三级
城市分区	中心城区商业中心 重点发展地区 轨道枢纽站周围1000米范围内（城市枢纽站）	城中村改造地区 交通枢纽轨道地下站和轨道地上换乘站周围1000米范围（市级中心站和区级中心站）	一般建成区，中心城区其他规划建设用地

（1）中心城区商业中心区

①主城一环传统商业核心区，由中央商务区、国际零售商业区、小西门商圈、翠湖风情休闲区、昆都时尚娱乐区等商业功能区组成，总面积约14平方千米；

②老螺蛳湾次级 CBD 商务区；

③金融集聚区；

④草海休闲区；

⑤官渡国际会展中心区；

⑥呈贡新区综合商业次中心区；

⑦巫家坝综合商业次中心区。

（2）重点发展地区

①五华区的沙朗、厂口片区；

②盘龙区的龙头街、东白沙河片区；

③西山区的长坡片区；

④昆明经济技术开发区的洛羊、大冲片区；

⑤呈贡新区的王家营片区；

⑥昆明高新技术产业开发区的马金铺片区；

⑦滇池旅游度假区大渔中心区。

（3）重点改造城中村地区

规委审议通过的 35 项 56 个村见表 12.3 所列。

城中村改造重点地区

表 12.3

区域	序号	片区名称	城中村名称	区域	序号	片区名称	城中村名称
五华区	1	上庄片区	岗头村	盘龙区	10	东庄前村	东庄前村
	2	后所村	后所村		11	马家营片区	马家营村
	3	浪口村	浪口村		12	刘家营	刘家营
	4	尚家营村	尚家营村		13	清泉村	清泉村
	5	上、中马村	上、中马村		14	茨坝片区	茨坝村
	6	小屯片区	小屯村				蒜村
盘龙区	7	小龙村片区综合整治旧城改造	小龙村		15	羊肠片区	羊肠小村
	8	小坝片区	小坝东、西村		16	石闸周家营片区	周家营村、石闸村
	9	蒋家营片区	蒋家营		17	波罗村二期	云波社区
			昆明人才广场		18	桃源村	桃源村

区域	序号	片区名称	城中村名称	区域	序号	片区名称	城中村名称
官渡区	19	广卫片区	广卫村	西山区	27	27号片区	高朱村
	20	马军场片区	马军场村		28	3号片区	上栗树村、下栗树村、江家桥村、新村
	21	子君片区	子君村		29	21号片区	李家场村、陆家场村、江家场村、李家湾村、陶家湾村
	22	宏仁、五腊片区	宏仁村		30	22号片区	楼房村、徐家院村
			五腊村		31	8号片区	弥勒寺村
	23	陈家社区	陈家营村	度假区	32	金河社区二期	金家村、王蔡范村、双村、河尾大村、海子村
	24	郭家村片区	大街村、东西廊村、郭家小村		33	周家社区	新堆上村、新堆下村、长竹沟村
西山区	25	25号片区	邬小村	经开区	34	新册片区	小新册村
	26	26号片区	邬大村、陆家营村	高新区	35	大塘子村	大塘子村

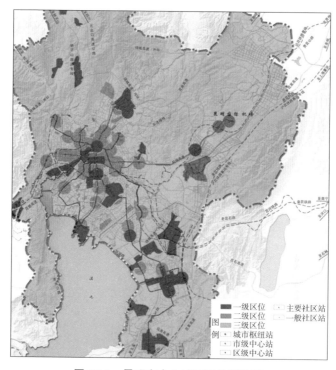

图 12.3　昆明市中心城区区位划分图

（4）轨道结点地区

城市枢纽站 6 个：昆明北站、昆明站、五腊村站、汽车北站、综合交通枢纽站、航空港南站。

市级中心站 6 个：省博物馆站、巫家坝站、奥体中心站、呈贡北站、行政中心站、文化宫站。

区级中心站 14 个：世博园站、大坝村站、苏王村站、体育城南站、龙头村站、广福路站、北辰小区站、西部客运站、东部客运站、西苑立交站、大河埂站、羊甫站、斗南站、大板桥站。

12.2.3 需求分级

根据土地利用性质对昆明市中心城区不同性质规划用地地下空间的需求进行级别划分，见表 12.4 所列。

昆明市中心城区地下空间需求分级表　　　　表 12.4

城市用地		需求级别		
		一级需求区位	二级需求区位	三级需求区位
公共设施用地	商业	一级	二级	三级
	行政 / 办公 / 文化 / 娱乐	二级	三级	四级
	医疗 / 科研 / 体育	三级	四级	五级
道路广场用地	广场 / 停车场	三级	四级	五级
	道路	四级	五级	六级
居住用地		二级	三级	四级
城市绿地	公共绿地	六级	七级	八级
	其他绿地	—	—	—
仓储用地		五级	六级	七级
对外交通用地		五级	六级	七级
市政公用设施用地		六级	七级	八级
工业用地		六级	七级	八级
特殊用地		—	—	—
水域及其他				

注：考虑到城市特殊用地、水域、防护绿地等用地性质和管辖权属的特殊性，暂不考虑其相应地块地下空间的需求。

12.2.4 需求定量

结合其他同类城市 2020 年地下空间开发规模和国内外不同城市中心区地下空间的开发强度指标（表 12.5，表 12.6），对昆明市中心城区地下空间的需求强度进行专家经验赋值，见表 12.7 所列。

国内外部分城市地下空间需求强度类比表（规划 2020 年）　　　表 12.5

城市	规划面积（平方千米）	规划量（万平方米）	开发强度（万平方米/平方千米）
北京	1085	9000	8.3
济南	530	3900	7.4
南京	258	1200	4.7
武汉	546	2000	3.7
青岛	250	1100	4.4

不同城市中心区地下空间开发强度　　　表 12.6

城市	中心区名称	面积（公顷）	地面空间开发量（万平方米）	地下空间开发量（万平方米）	开发强度（万平方米/平方千米）
纽约	曼哈顿地区华尔街	<100	1.5 万套公寓	19 条地铁线形成大规模地下步行街区	
北京	王府井地区	165	346	60（现有）	36
南京	新街口地区	<100	145	20（商业空间）	20
蒙特利尔	Downtown	5 个街区	580	580（商业 90）	
北京	中关村西区	51.44	100	50（商业 12）	100
深圳	中心区	413	800	40（商业空间）	10
杭州	钱江新城核心区	402	460	200 ~ 230	50
巴黎	拉德芳斯	750	200 多万平方米商务区，住宅 2.5 万套	步行 67 公顷，停车场2.6 万个车位	
东京	新南	16.4	写字楼 200 万平方米	9 条地铁线穿过	

昆明市中心城区地下空间需求强度表　　　表 12.7

需求等级	需求强度（万平方米/平方千米）
一级区	36 ~ 50
二级区	20 ~ 30

需求等级	需求强度（万平方米 / 平方千米）
三级区	9 ~ 15
四级区	7.6 ~ 9
五级区	6.1 ~ 7.5
六级区	3.1 ~ 5.5
七级区	1.6 ~ 3
八级区	0.1 ~ 1.5

12.2.5　现状矫正

　　根据各地块地下空间需求级别，结合需求强度表可以估算地块的需求强度，地块面积乘以相应的需求强度，即地块的需求量，将昆明市中心城区各地块地下空间需求量进行综合，得到地下空间理论需求总量，除去现状已有地下空间总量得出其地下空间实际需求总量。

12.2.6　需求预测结论

　　（1）需求等级

　　根据以上需求等级分级原则，对中心城区地下空间需求进行等级划分，如表 12.8、图 12.4 和图 12.5 所示。

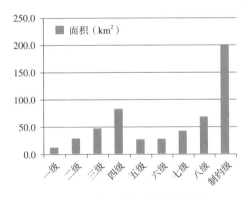

图 12.4　地下空间需求等级分析

<table>
<tr><th colspan="3">地下空间需求等级分析表</th><th>表 12.8</th></tr>
<tr><th>需求等级</th><th>面积（平方千米）</th><th colspan="2">比例（%）</th></tr>
<tr><td>一级</td><td>10.6</td><td colspan="2">2</td></tr>
<tr><td>二级</td><td>27.8</td><td colspan="2">5</td></tr>
<tr><td>三级</td><td>46.7</td><td colspan="2">9</td></tr>
<tr><td>四级</td><td>81.5</td><td colspan="2">15</td></tr>
<tr><td>五级</td><td>25.3</td><td colspan="2">5</td></tr>
</table>

需求等级	面积（平方千米）	比例（%）
六级	26.6	5
七级	41.0	8
八级	66.7	13
制约区	201.8	38
合计	527.9	100

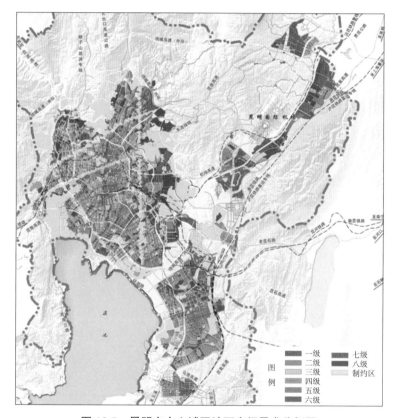

图 12.5　昆明市中心城区地下空间需求分级图

（2）规模预测

根据需求定量原则及地下空间强度赋值，对中心城区地下空间需求进行定量分析，见表 12.9 所列。

中心城区地下空间需求定量分析表　　　表 12.9

需求等级	需求区面积 （平方千米）	需求强度 （万平方米/平方千米）	地下空间需求量 （万平方米）
一级	10.6	50	528.0
二级	27.8	30	835.3
三级	46.7	15	700.6
四级	81.5	9	733.4
五级	25.3	7.5	189.4
六级	26.6	5.5	146.5
七级	41.0	3	122.9
八级	66.7	1.5	100.0
制约区	201.8	0	0
合计	527.9	—	3356.1

第 13 章 深圳市华强北和宝安中心片区
地下空间资源评估与需求预测 [1]

13.1 资源评估要素选择

深圳市在全市总体规划层面的地下空间资源规划基础上确定了若干重点片区，华强北和宝安中心是其中两个片区。这两个片区进一步开展了详细规划层面的地下空间规划研究。项目的评估将要素分为地质条件、公共资源和需求价值三类。由于项目范围较小，地质条件相对较为均一，对评估结果基本不会产生差异性的影响，因此对地质条件要素未予考虑。对公共资源要素，主要从用地类型来判断地下空间的开发难度；对需求价值要素，主要考虑建筑功能、开发强度和轨道交通的带动作用（图 13.1）。

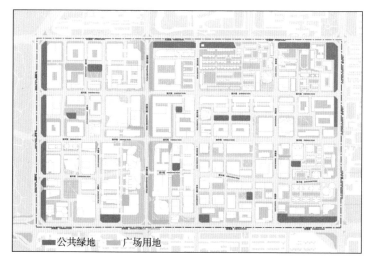

图 13.1 华强北片区公共绿地和广场分布

---

① 本章图片由深圳市城市规划设计研究院提供。

13.2　质量评估

13.2.1　公共空间

地块内的公共空间一般主要包括公共绿地和广场。由于公共空间受地面建筑的限制较小，其往往是较理想的地下空间开发场所，适合布置大型地下建筑并形成核心地下空间，同时公共空间属于政府掌握的为数不多的可支配资源，便于统一开发，实施效果较好。

华强北片区现状缺乏整片集中的公共空间，在城市设计中，通过城市更新改造增加了一些点状公共空间，可以作为地上地下空间的转换点。

宝安中心区公共空间由中央绿轴、滨海绿带、都市绿环及社区型绿地构成（图 13.2 ）。

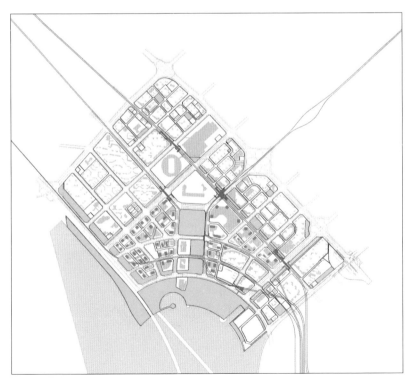

图 13.2　宝安中心片区公共绿地和广场分布

13.2.2 公共管理及公共服务设施用地

行政办公、教育科研、体育、文化等大型公共设施用地建筑密度较低，建筑地下属于非高层地基，并且属于政府可支配资源，有利于地下空间项目的实施，如人防、停车等（图 13.3，图 13.4）。

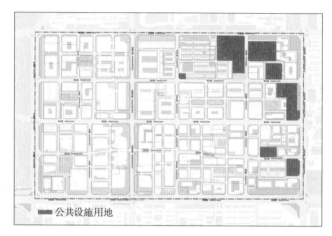

图 13.3　华强北片区公共设施用地分布

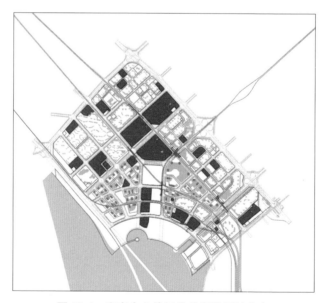

图 13.4　宝安中心片区公共设施用地分布

13.2.3 道路用地

道路用地属于政府掌控，且是连续的空间，不受地面建筑的限制，也是地下空间开发比较理想的场所。但道路下一般有市政管线的敷设，其下地下空间的使用要重点考虑与现有市政管线的协调。

13.2.4 地块地下空间（业主用地）

业主用地分散控制在开发商以及业主手中，地下空间开发社会因素复杂，相对于政府可掌控的空间资源，整体开发难度较大（图 13.5，图 13.6）。

13.2.5 质量综合评估

经过以上要素的叠加，得出地下空间质量评估图（图 13.7）。对于华强北片区，开放空间由于具备地下空间开发利用的各种优质条件而成为一级质量区，大型公共设施用地次之，道路用地为三级，其他建设用地为四级；对于宝安中心片区，地下空间优质资源大部分集中在中央绿轴以及滨海区域内（图 13.8）。

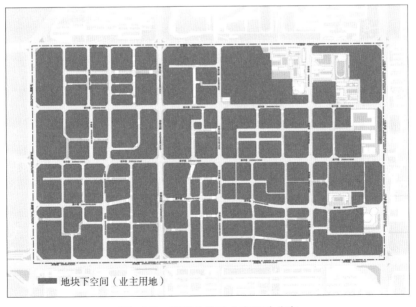

图 13.5　华强北片区业主用地分布

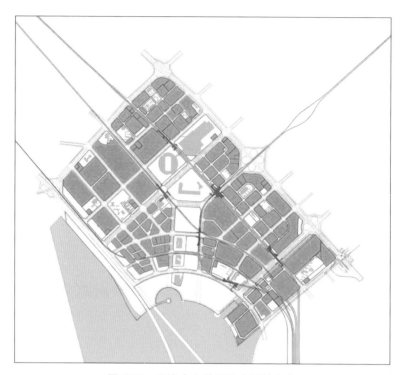

图 13.6　宝安中心片区业主用地分布

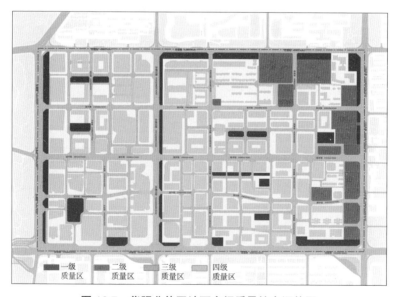

图 13.7　华强北片区地下空间质量综合评估图

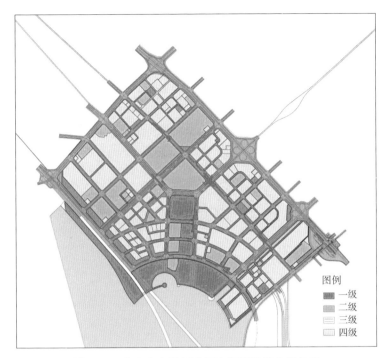

图例
■ 一级
■ 二级
□ 三级
□ 四级

图 13.8　宝安中心片区地下空间质量综合评估图

13.3　需求评估

13.3.1　建筑功能

建筑功能与容积率是评估地下空间需求的主要因素，一般来说地块建筑功能越偏向公共性，容积率越高，其地下空间需求就越大；反之，地面建筑越是私密性高，容积率越低，其地下空间需求越小，地下功能公共性越低，一般只是满足停车、设备及人防需求。

根据华强北地面用地性质规划的分析，将地面建筑功能作为地下空间需求的主要评估因素，得出地下空间开发需求最旺盛的区域集中在东部、华强北路沿线（图 13.9）。

宝安中心区地下空间开发需求旺盛的区域集中在商业办公区、核心商业区及混合区（图 13.10）。

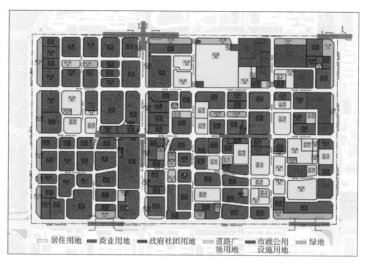

图 13.9　华强北片区地面用地功能分析图

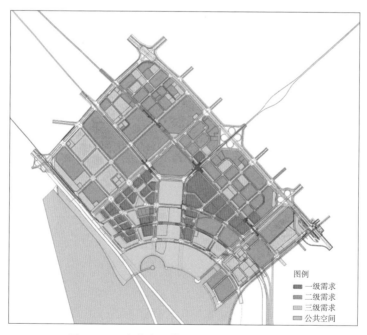

图 13.10　宝安中心片区地面用地功能分析图

13.3.2　轨道交通

　　轨道交通站点地区人流密集，对地面交通形成难以承受的压力，造成对地下空间开发的迫切需求，使得地铁站点周边同样也是地下空间需求旺盛的区域（图 13.11，图 13.12）。

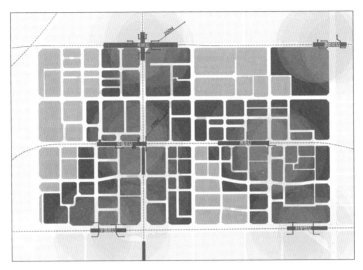

图 13.11　华强北片区轨道交通分布图

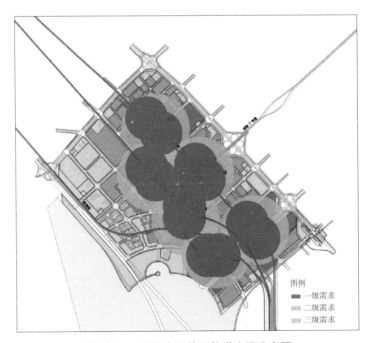

图 13.12　宝安中心片区轨道交通分布图

13.3.3 需求综合评估

综合前面若干因素，得出地下空间需求评估等级（图 13.13，图 13.14）。华强

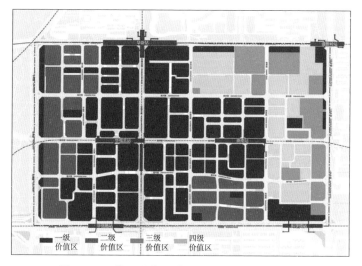

图 13.13 华强北片区地下空间需求等级分布图

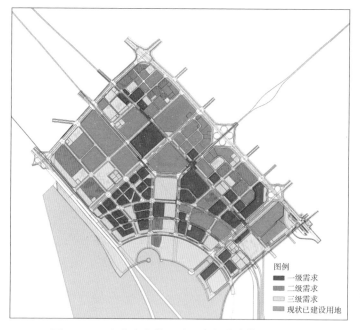

图 13.14 宝安中心片区地下空间需求等级分布图

北片区地下空间需求较高区域集中在华强北路两侧及轨道站点周边区域，第二需求强度区域为核心区外围区域，主要集中在华富路和深南路一侧，第三需求强度区域为东侧沿上步路和北侧红荔路区域。宝安中心滨海片区需求旺盛区域集中在都市核心区与地铁站点周边区域。

13.4　价值评估

地下空间价值反映的是地下空间的经济属性，影响因素很多，但最终可以简化为由质量与需求的叠加得出。地下空间最有价值的区域主要分布在地铁站 500 米范围内的公共设施、公共空间用地。地下空间强调综合功能开发。地下空间价值是直接指导规划设计的最主要参考依据，决定着地下空间的功能布局与开发规模（图 13.15，图 13.16）。

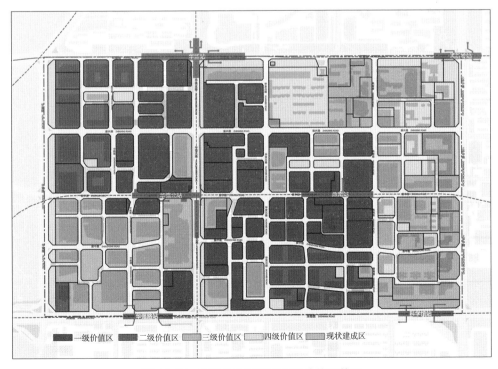

一级价值区　二级价值区　三级价值区　四级价值区　现状建成区

图 13.15　华强北片区地下空间价值评估图

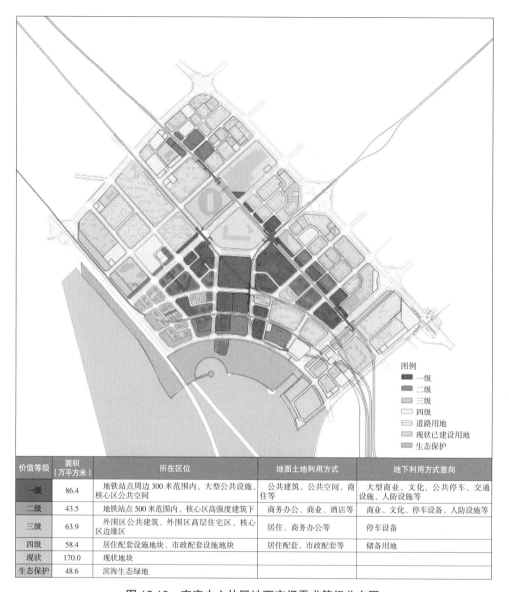

价值等级	面积 （万平方米）	所在区位	地面土地利用方式	地下利用方式意向
一级	86.4	地铁站点周边300米范围内、大型公共设施、核心区公共空间	公共建筑、公共空间、商住等	大型商业、文化、公共停车、交通设施、人防设施等
二级	43.5	地铁站点500米范围内、核心区高强度建筑下	商务办公、商业、酒店等	商业、文化、停车设备、人防设施等
三级	63.9	外围区公共建筑、外围区高层住宅区、核心区边缘区	居住、商务办公等	停车设备
四级	58.4	居住配套设施地块、市政配套设施地块	居住配套、市政配套等	储备用地
现状	170.0	现状地块		
生态保护	48.6	滨海生态绿地		

图 13.16　宝安中心片区地下空间需求等级分布图

13.5　地下空间规模预测

华强北和宝安中心片区在预测中采用了两种预测方法，分别是：

（1）经验值预测法

通过对国内类似城市类似地区的已建成或已规划地下空间的规模比例统计，得出一个经验值，用于规划的规模预测。

（2）城市建设动态平衡法

按照地上地下整体协调发展建设立体城市的理念，强调地下空间开发是地面建设的合理衍生。根据城市用地分类，细分各种用地衍生的地下空间功能，根据相关的规范和规划的意图分别测算各类用地合理的地下开发量。

本节仅以华强北为例介绍预测方法，宝安中心片区使用的预测方法与华强北片区相同，在此不再赘述。

13.5.1　经验值预测法

根据同类比较法，选取深圳、南京、北京、杭州和郑州等国内 5 个类似城市类似地区的地下空间进行了数据统计（表 13.1）。通过案例对比，将华强北片区地下空间的可开发面积大致控制在地面建筑面积的 25% ~ 30%。参考城市设计中确定的地面建筑量 600 万平方米，初步估算地下空间开发规模约 150 万 ~ 180 万平方米。

国内典型区域地下空间开发量对比　　　　　　　　　　表 13.1

CBD 名称	占地面积 （公顷）	地面总建筑规模 （万平方米）	地下总建筑规模 （万平方米）	地下 / 地上 （%）
深圳中心区	400	800	230	28.75
南京新街口	100	200	45	22.5
北京王府井	243	340	60	17.6
郑东新区	132	411	106	25.6
钱江新城	402	650	210	32.3
平均				25 ~ 30

13.5.2　城市建设动态平衡法预测

（1）测算模型

根据地下空间价值评估数据结合城市建设动态平衡测算法，地下空间开发总

量 $S = S_1 + S_2 + S_3 + S_4$。

第一类 S_1：不考虑开发地下空间。

第二类 S_2：静态交通功能、人防功能复合型地下空间开发区，主要指地下空间价值评估总的第二级和第三级。$S_2 = \sum[\text{MAX}(S_a, S_b)]$。

第三类 S_3：综合交通功能（静态停车、公共通道等）、公共服务功能（商业、文化娱乐等）、人防功能复合型地下空间开发区 $S_3 = \sum[\text{MAX}(S_b, S_c)]$。

第四类 S_4：现状已开发地下空间。

（2）假定常数

停车配建指标：按《深圳市城市规划标准与准则》表 12.4.2.1 执行。

地下停车率：城市中心地区地下配建停车比例一般为 80% ~ 90%，本次取 90%。

地下标准停车位单位面积：地下停车库的建筑面积 30 ~ 35 平方米 / 车位，本次取 35 平方米 / 车位。

地下建筑综合体的开发比重分别为（参照）：

①停车设施面积开发比重（35%）；

②商业设施面积开发比重（20%）；

③公共通道面积开发比重（20%）。

国外地下综合体功能比例配比　　　　　　表 13.2

地下街名称	地址	总建筑面积（平方米）	步行道面积（平方米）		停车场面积（平方米）		商店面积（平方米）		其他（平方米）		步行道宽（米）	地下街类型
撒布拉德	东京都新宿区	38364	10038	26.17%	15139	39.46%	7470	19.47%	5717	14.90%	3 ~ 14	道路
大阪部前钻石街	大阪市北区	37100	12400	33.42%	9700	26.15%	6100	16.44%	8900	23.99%	6 ~ 14	道路
龙尼莫尔	名古屋中村区	27364	8385	30.64%	9772	35.71%	6162	22.52%	3045	11.13%	6	道路
八里洲地下街	东京都中央区	73253	15178	20.72%	17217	23.50%	18914	25.82%	21944	29.96%	8.6	站前广场
小田急	东京都新宿区	29650	2636	8.89%	19957	67.31%	4032	13.60%	3025	10.20%	3 ~ 6	站前广场
川崎地下街	川崎市川崎区	56916	13942	24.50%	15301	26.88%	10706	18.81%	16967	29.81%	6 ~ 22	站前广场

续表

地下街名称	地址	总建筑面积（平方米）	步行道面积（平方米）		停车场面积（平方米）		商店面积（平方米）		其他（平方米）		步行道宽（米）	地下街类型
波尔塔	横滨市西区	39133	8997	22.99%	19865	50.76%	9258	23.66%	1013	2.59%	5～13	站前广场
钻石街	横滨市西区	38816	7131	18.37%	14011	36.10%	12243	31.54%	5431	13.99%	2～12	站前广场
新干线地下街	名古屋中村区	29180	7347	25.18%	9652	33.08%	6490	22.24%	5691	19.50%	6.8	站前广场
京都部北口广场地下街	京都市中京区	243391	1124	0.46%	0	0.00%	7881	3.24%	5334	2.19%	6	站前广场
冈山一条街	冈山市车站元町	23201	6709	28.92%	3861	16.64%	8052	34.71%	4579	19.74%	3～10	站前广场
奥罗拉-太阳城	札幌市中央区	33846	7766	22.95%	15156	44.78%	8545	25.25%	2379	7.03%	13.8	地铁
中央公园	名古屋中区	58370	14962	25.63%	25552	43.78%	12786	21.91%	5100	8.74%	6～8	地铁
京都御池地下街	京都市中京区	32710	6260	19.14%	15530	47.48%	5920	18.10%	5000	15.29%	6	地铁
梅田地下街	大阪市北区	27715	10007	36.11%	0	0.00%	12061	43.52%	5647	20.38%	6	地铁
南邦	大阪市中央区	36475	14767	40.49%	0	0.00%	15169	41.59%	6539	17.93%	4～5.5	地铁
天神地下街	福冈市中央区	35250	7885	22.37%	16200	45.96%	7280	20.65%	3885	11.02%	4～6	地铁
平均				23.94%		37.15%		23.71%		15.20%		

（3）自变量

A：地块用地面积（平方米）；

R：地块平均容积率；

P：地块内容纳人口（人）。

（4）因变量

S：分区内地下空间开发总量；

S_a：各地块内配建地下停车设施开发量（平方米）；

S_b：各地块内平战结合人防设施开发量（平方米）；

S_c：各地块内地下综合体开发量（平方米）。

（5）测算模型

$S_a = (A \times R / 100) \times$ 地下停车率（90%）× 地下标准停车位单位面积（35 平方米）

$S_b = (A \times R) \times$ 平战结合的人防配建指标（2%）或 $P \times$ 平战结合的人防配建指标（1 平方米 / 人）

$S_c = S_a /$ 地下综合体中停车设施面积开发比重

（6）测算结果

根据地下空间价值评估数据结合城市建设动态平衡测算法，地下空间开发总量 $S = S_1 + S_2 + S_3 + S_4 = 0 + (13.90 + 8.28) + 24.18 / 0.35 + 75.0 = 166.26$ 万平方米。

此结果与经验值预测法比较，地下空间开发总量在 150 万 ~ 180 万平方米之间是较为合理的。

第 14 章 南宁朝阳商圈地下空间资源评估与需求预测 ^①

14.1 地下空间资源评估方法

朝阳商圈是南宁市最传统、居民认知度最高的老商业中心，以朝阳路为中心，以共宁路—民生路—新华街—百货大楼—万达广场—金朝阳商场—人民路—和平商场—交易场—解放路一带为核心，面积约 1.78 平方千米。毗邻交通枢纽南宁火车站，客流量庞大，日平均客流量约 10 万人次，节假日客流量达 30 万人次。朝阳商圈地下空间资源评估包括地下空间开发价值评估和地下空间开发难度评估两部分内容。

地下空间开发难度评估指标体系主要有场地工程地质条件、场地水文地质条件、不良地质灾害等因素。根据已获得的工程勘察资料，在朝阳商圈内，场地对地下空间影响较小，并且现状伴随轨道交通的建设，开发深度已达到 −30 米，工程难度对浅层范围内地下空间影响不大，故该评估未考虑工程场地条件的影响。

评估采取定性与定量相结合的方式，包括地下空间资源质量与地下空间资源需求两部分内容，指标体系如图 14.1 所示。

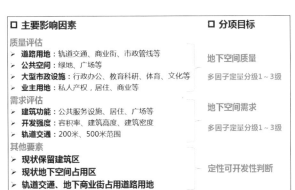

图 14.1 地下空间资源价值评估指标体系

---

① 本章图片由北京清华同衡规划设计研究院提供。

14.2 地下空间质量评估

14.2.1 公共空间

朝阳商圈仅有朝阳广场一处整片集中的公共空间，通过城市轨道交通的建设和更新改造作为地上地下空间的转换点（图 14.2）。

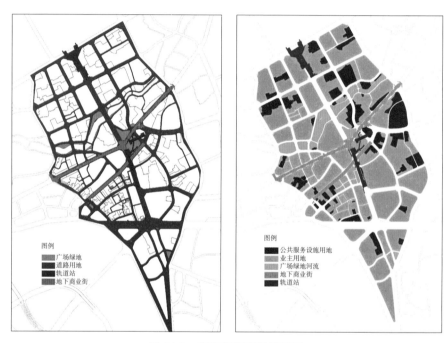

图例
广场绿地
道路用地
轨道站
地下商业街

图例
公共服务设施用地
业主用地
广场绿地河流
地下商业街
轨道站

图 14.2　南宁朝阳商圈用地图

14.2.2 道路用地

道路用地属于政府掌控，且是连续空间，不受地面建筑限制，是地下空间开发较理想的场所。但道路下一般有市政管线敷设，地下空间利用需重点考虑市政管线的协调。

14.2.3 公共管理及公共服务设施用地

行政办公、教育科研、体育、文化等大型公共设施用地建筑密度低，建筑地

下属于非高层地基，并且属于政府可
支配资源，有利于地下空间项目的实
施，如人防、停车等。

14.2.4　业主用地

分散控制在开发商以及业主手
中，地下空间开发社会因素复杂，相
对于政府可掌控的空间资源，整体开
发难度较大。

14.2.5　地下空间质量评估结论

通过叠加分析，得出朝阳商圈地
下空间质量评估图（图14.3）。

通过图14.3可以看出地下空间优
质资源以道路空间为主，兼分散的点
状公共空间。

图 14.3　南宁朝阳商圈地下空间质量评估图

一级质量区适合开发地下公共通道、公共停车场、地下市政设施、人防工程等。

二级质量区适合开发为人防工程预留、配建地下停车场。

三级质量区适合开发地下商业娱乐、地下配建停车、地下设备用房、地下仓
储等。

14.3　地下空间需求评估

14.3.1　建筑功能与容积率

建筑功能与容积率是评估地下空间需求的主要因素，一般来说地块建筑功能
越是公共性、开放性，容积率越高，其地下空间需求就越大；反之，地面建筑越
是私密性、容积率越低，其地下空间需求越小，公共性越低，一般只是满足停车、
安装设备及人防需求。

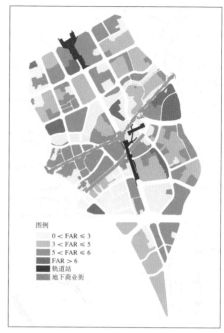

图 14.4　南宁朝阳商圈建筑功能与容积率图

14.3.2　轨道交通

一方面车站周边汇集了大量人流,需要与周边地块内的地下空间建立便捷的联系,另外地铁带来巨大的人流为地下空间的开发提供了触媒,因此,地铁站点周边是地下空间需求最旺盛的区域。根据《南宁市轨道交通线网规划》的要求,地铁车站出入口为核心,200 米辐射区域作为一级需求区,200 米外区域作为二级需求区。

朝阳广场站的辐射范围主要有朝阳路、人民路、新华街、高峰路、西关路、兴宁路、民生路两侧。火车站的主要

图 14.5　南宁朝阳商圈轨道交通影响范围图

辐射区域为华东路、苏州路两侧。

14.3.3　地下空间需求评估结论

由图 14.6 评估结果可以看出，地下空间开发需求最旺盛的区域集中在：

东西向：中华路、华东路、人民路、新华街两侧；

南北向：西关路、朝阳路、苏州路—共和路两侧。

14.4　地下空间资源价值评估

14.4.1　地下空间资源开发价值

通过质量与需求的叠加，地下空间价值最高的区域分布在火车站东南和西

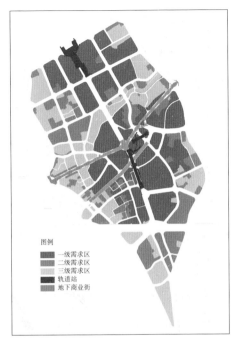

图 14.6　南宁朝阳商圈地下空间需求评估图

南方向，朝阳广场站周边 200 米范围，并向东南方向延伸（图 14.7）。

一级价值区重点考虑地下空间综合开发，建立各自之间的联系形成网络型地下空间。

二级价值区的地下空间弥补地上或者周边功能和配套功能不足的需求，并满足配建停车、设备、人防空间需求。

三级价值区结合建筑方案灵活设置（表 14.1）。

南宁朝阳商圈地下空间开发价值汇总表　　　　　　　　　　表 14.1

价值等级	一级	二级	三级	现状地下	合计
占地面积（公顷）	33	35.3	37.8	16.4	122.5
所在区域	火车站东南和西南方向，朝阳广场站周边 200 米范围及东南方向高强度开发地块	地铁站点 500 米范围内及外围区域公共建筑	外围区住宅区	现状地块	
地面土地利用方式	商业建筑	商务办公、商业、酒店、公共设施	居住、商住等		
地下空间意向	大型商业、文化、公共停车、交通设施、人防设施等	商业、停车、设备、人防等	停车、设备、人防等		

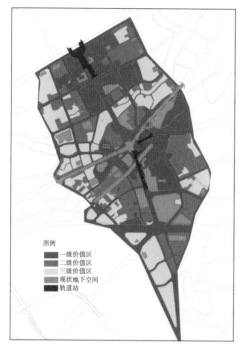 

图 14.7　南宁朝阳商圈地下空间价值评估图

14.4.2　地下空间可利用范围

地下可利用空间资源（红线内投影面积）总计为 130.7 公顷，其中可更新面积 83.2 公顷，另外道路地下空间 44.6 公顷（图 14.8）。

14.5　地下空间规模预测

朝阳商圈在预测地下空间建设规模时除和深圳华强北片区一样使用经验值预测法、城市建设动态平衡法外还使用方案分项统计法统计各类用地

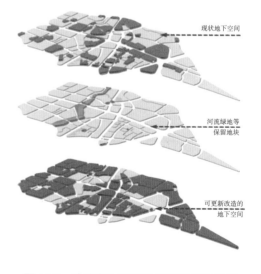

图 14.8　南宁朝阳商圈地下空间开发范围

的地下空间开发量，并根据前两种测算值进行校正。

14.5.1　经验值预测法

根据同类比较法，选取深圳、南京、北京、杭州和郑州等国内 5 个类似城市类似地区的地下空间进行了数据统计，通过案例对比，将朝阳商圈地下空间的可开发面积大致控制在地面建筑面积的 25% ~ 30%。朝阳商圈已建设地下空间 42.0 万平方米，控制性详细规划中确定的地面建筑 555 万平方米，初步估算地下空间开发规模约 110 万 ~ 140 万平方米。

14.5.2　城市建设动态平衡法

（1）测算模型

根据地面的土地利用规划，将各类用地按照可能衍生的地下功能划分为四大类分区：

第一类：不考虑开发地下空间区；

第二类：静态交通功能、人防功能复合型地下空间开发区 $S_2=\sum[\mathrm{MAX}(S_\mathrm{a}, S_\mathrm{b})]$；

第三类：综合交通功能（静态停车、公共通道等）、公共服务功能（商业、文化娱乐等）、人防功能复合型地下空间开发区 $S_3=\sum[\mathrm{MAX}(S_\mathrm{b}, S_\mathrm{c})]$；

第四类：S_4 现状已开发地下空间。

（2）假定常数

停车配建指标：按《南宁市城市规划管理技术规定（2011 年版）》第 81 条表 9.8 执行。

地下停车率：城市中心地区地下配建停车比例一般为 80% ~ 90%，本次取 90%。

地下标准停车位单位面积：地下停车库的建筑面积 30 ~ 35 平方米 / 车位，本次取 35 平方米 / 车位。

地下建筑综合体的开发比重分别为（参照）：

①停车设施面积开发比重（35%）；

②商业设施面积开发比重（20%）；

③公共通道面积开发比重（20%）。

（3）自变量

A：地块用地面积（平方米）；

R：地块平均容积率；

P：地块内容纳人口（人）。

（4）因变量

S：分区内地下空间开发总量；

S_a：各地块内配建地下停车设施开发量（平方米）；

S_b：各地块内平战结合人防设施开发量（平方米）；

S_c：各地块内地下综合体开发量（平方米）；

$S_a=(A \times R/100) \times$ 地下停车率（90%）× 地下标准停车位单位面积（35 平方米）；

$S_b=10$ 层以上按照首层面积，2000 平方米以上建筑面积4%；

$S_c=S_a/$ 地下综合体中停车设施面积开发比重。

（5）各地块停车配建数量（表14.2，图14.9）

根据控制性详细规划将每个地块的停车位落实到图上，再根据90%停车位地下化的标准，计算出每个地块所需地下停车配建面积。

现状保留部分需配建停车8400辆，更新改造部分需配建停车20800辆，合计片区需配建停车29200辆。现状停车位数为4176辆（地面＋地下停车），停车缺口为20000辆（面积约70.5万平方米）。

各地块停车配建量　　　　　　　　　　　　　　　表 14.2

地下空间价值区	配建停车位数（辆）	配建停车面积（万平方米）
一级价值区	5000	17.5
二级价值区	7200	25.2
三级价值区	7800	27.3
合计	20000	70

（6）各地块人防工程面积测算

根据《南宁市人民防空管理规定》的要求：

新建民用建筑修建防空地下室：

①新建 10 层（含）以上或基础埋深 3 米（含）以上的民用建筑，按照地面首层建筑面积修建 6 级（含）以上防空地下室；

②除第（5）条外的新建一次性规划总建筑面积在 2000 平方米以上的多层民用建筑，应按地面总建筑面积的 4% 修建防空地下室。

异地建设费缴纳：

①一次性规划总建筑面积 2000 平方米以下的多层民用建筑；

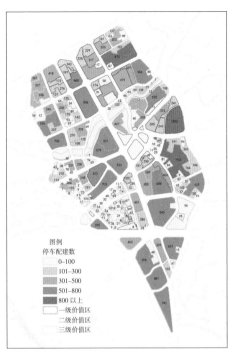

图 14.9　地下空间停车配建图

②按规定应建防空地下室，但因地质地形等其他原因不能修建防空地下室的建设项目或不能满足应建防空地下室标准的建设项目；

③应建防空地下室面积小于 150 平方米的建设项目。

预测朝阳商圈防空地下室面积约 16.6 万平方米（表 14.3）。

防空地下室面积测算表		表 14.3
建筑类型	**配建标准**	**配建人防面积（万平方米）**
新建 10 层（含）以上或基础埋深 3 米（含）以上	地面首层建筑面积	10.3
一次性规划总建筑面积在 2000 平方米以上	地面总建筑面积的 4%	6.3
其他	易地建设	易地建设
总计		16.6

（7）地下综合体开发量

地下空间价值评估位于一级区域内，属于可更新改造区域，地下空间资源可用,容积率较高($FAR > 4.0$),综合交通功能、公共服务功能(商业、文化娱乐等)。地下综合体开发量 S_c 为 21.2 万平方米。

(8)总量预测

综上,$S = S_1 + S_2 + S_3 + S_4 = 0 + 70 + 21.2 + 35 = 133.2$ 万平方米。

14.5.3 方案分项统计法

根据本规划方案,分项统计各类用地的地下空间开发量,共 124.8 万平方米,详见表 14.4。

方案分项统计法

表 14.4

	现状(万平方米)	规划(万平方米)	百分比
地铁站厅	7.5	0.39	6.3%
地下人行通道	3.42	9.26	10.2%
地下停车设施	23.05	65.24	70.8%
地下仓储设施	0.47	0	0.4%
地下办公设施	0.41	0	0.3%
地下商业设施	6.29	8.72	12.0%
总计	41.14	83.61	100%

14.5.4 规模预测结论

综合以上三种方法,预测朝阳商圈地下空间的规模约 130 万平方米,见表 14.5 所列。

朝阳商圈地下空间需求预测

表 14.5

方法	经验值预测法	城市建设动态平衡法	方案分项统计法	结论
预测量(万平方米)	110 ~ 140	133.2	124.8	130

参 考 文 献

[1] 童林旭，祝文君．城市地下空间资源评估与开发利用规划 [M].北京：中国建筑工业出版社，2009.

[2] 深圳市规划和国土资源委员会．深圳市地下空间资源规划 [R].2007

[3] 王辉．基于 GIS 的城市地下空间资源调查评估系统研究 [D].北京：清华大学，2007.

[4] 郭建民．城市地下空间资源评估模型指标体系研究 [D].北京：清华大学，2005.

[5] 顾新，于文憲．城市地下空间利用规划编制与管理 [M].南京：东南大学出版社，2014.

[6] 美国波士顿地下空间开发利用 [Z]. http://www.archcy.com/focus/redevelopment/4c33c7dc891a4a4a

[7] 刘湘．城市地下空间资源评估研究 [D].北京：清华大学，2004.

[8] 中国城市规划设计研究院．聊城市地下空间开发利用与人防工程建设规划 [Z].2014.

[9] 深圳市城市规划设计研究院．华强北片区地下空间资源开发利用规划研究 [R].2009.

[10] 深圳市城市规划设计研究院．宝安中心区（滨海片区）地下空间综合利用规划 [Z].2009

[11] 清华大学．厦门市地下空间资源调查与评估专题研究报告 [R].2006.

[12] 刘俊．城市地下空间需求预测方法及指标相关性实证研究 [D].北京：清华大学，2009.

[13] J. Edelenbos，R. Monnikhof，J. Haasnoot，et al. Strategic Study on the Utilization of underground space in the Netherlands. Tunnelling and Underground Space Technology，1998，13（2）：159～165.

[14] 中国城市规划设计研究院．深圳．罗湖口岸及火车站地区综合规划 [Z].2002.

[15] 中国城市规划设计研究院．上海虹桥综合交通枢纽地区规划 [Z].2009.

[16] 陈志龙，刘宏．城市地下空间总体规划 [M].南京：东南大学出版社，2011.

[17] 北京清华同衡规划设计研究院．济南市人防工程建设与地下空间开发利用规划 [Z].2011.

[18] 苟长飞，叶飞，张金龙．城市地下空间需求预测及其分布体系建立 [J].长安大学学报（自然科学版），2012，V32（5）：58-64.

[19] 厦门市城市规划设计研究院，清华大学，同济大学. 厦门市地下空间开发利用规划 [Z]. 2006

[20] 侯敏. 天府新区地下空间需求预测与开发控制研究 [D]. 成都：成都理工大学，2013.

[21] 北京清华同衡规划设计研究院. 昆明市地下空间开发利用规划 [Z]. 2012.

[22] 童林旭. 论城市地下空间规划指标体系 [J]. 地下空间与工程学报，2006，S1.

[23] 付磊. 城市地下空间规划指标体系研究 [D]. 成都：西南交通大学，2008.

[24] 北京清华同衡规划设计研究院. 海口市地下空间开发利用规划 [Z]. 2015.

[25] 中国城市规划设计研究院. 丹阳市地下空间开发利用规划 [Z]. 2014.

[26] 中国城市规划设计研究院. 抚顺市地下空间开发利用与人防工程建设规划 [Z]. 2015.

[27] 邹亮. 青岛市崂山区地下空间资源评估与需求预测研究报告 [R]. 2013.

[28] 北京市规划委员会，北京市人民防空办公室，北京市城市规划设计研究院. 北京地下空间规划 [M]. 北京：清华大学出版社，2006.